人工智能技术丛书

图神经网络基础、 模型与应用实战

兰 伟　叶 进　朱晓姝　著

清華大學出版社
北京

内 容 简 介

图神经网络不仅能够解决传统机器学习方法无法解决的图数据问题，而且能够应用于许多实际场景，例如社交网络、药物发现、网络安全、金融风控等。本书旨在为初学者和实践者提供一个详细、全面的入门指南，围绕图神经网络基础、模型、应用实战（均采用 Python+PyTorch 实现）等方面进行介绍。本书配套示例源码、数据集、PPT 课件。

本书共分 9 章，内容包括图神经网络概述、PyTorch 开发环境搭建、数据集的获取与加载、图神经网络模型、图神经网络在自然语言处理领域的应用、图神经网络在计算机视觉领域的应用、图神经网络在推荐系统领域的应用、图神经网络在社交网络领域的应用、图神经网络的挑战和机遇。其中，每个领域的应用都包括 1~3 个实战项目，可以帮助读者快速掌握图神经网络。

本书适合图神经网络初学者、图神经网络算法开发人员、深度学习算法开发人员，也适合高等院校或高职高专图神经网络相关课程的师生教学参考。

本书封面贴有清华大学出版社防伪标签，无标签者不得销售。
版权所有，侵权必究。举报：010-62782989，beiqinquan@tup.tsinghua.edu.cn。

图书在版编目（CIP）数据

图神经网络基础、模型与应用实战 / 兰伟，叶进，朱晓姝著. —北京：清华大学出版社，2024.4
（人工智能技术丛书）
ISBN 978-7-302-65883-2

I. ①图… II. ①兰… ②叶… ③朱… III. ①人工神经网络 IV. ①TP183

中国国家版本馆 CIP 数据核字（2024）第 064910 号

责任编辑：夏毓彦
封面设计：王　翔
责任校对：闫秀华
责任印制：宋　林

出版发行：清华大学出版社
　　　网　　　址：https://www.tup.com.cn，https://www.wqxuetang.com
　　　地　　　址：北京清华大学学研大厦 A 座　　　邮　　　编：100084
　　　社 总 机：010-83470000　　　邮　　　购：010-62786544
　　　投稿与读者服务：010-62776969，c-service@tup.tsinghua.edu.cn
　　　质 量 反 馈：010-62772015，zhiliang@tup.tsinghua.edu.cn

印 装 者：北京嘉实印刷有限公司
经　　销：全国新华书店
开　　本：190mm×260mm　　　印　张：13.25　　　字　数：358 千字
版　　次：2024 年 4 月第 1 版　　　印　次：2024 年 4 月第 1 次印刷
定　　价：79.00 元

产品编号：102864-01

前　　言

当今社会，图数据（如社交网络、交通网络、化学分子结构等）的出现越来越普遍，图神经网络在解决这些复杂的图数据上的挑战方面已经展现出了惊人的效果。图神经网络不仅能够解决传统机器学习方法无法解决的图数据问题，而且能够应用于许多实际场景，例如社交网络、推荐系统、药物发现、网络安全、金融风控、交通网络优化、计算机视觉、自然语言处理、医疗保健、物理科学和遥感科学等。

本书需要哪些预备知识

本书要求读者具备一定的预备知识，包括深度学习基础、线性代数、概率论、编程语言（如Python）的知识。对深度学习的理解至少应包括神经网络的基本原理和常见架构。对线性代数和概率论的理解应该能够支撑对复杂模型的数学描述和理论分析。读者应熟悉 NumPy、Pandas 等数据处理库，以及 PyTorch 等深度学习框架。

本书涵盖图神经网络的哪些方面

本书旨在为初学者和实践者提供一个详细的、全面的图神经网络入门指南，围绕图神经网络基础、实现、应用等方面进行介绍，主要内容包括图神经网络的基础、模型、算法实现、应用场景（如社交网络分析、推荐系统、蛋白质结构预测和图像分割等），以及图神经网络未来发展的前瞻性探讨。

图神经网络有哪些优势

图神经网络的主要优势在于其独特的能力，通过对图结构数据（如社交网络、推荐系统等）中的节点和边进行深度学习，有效捕捉和利用数据的拓扑关系，实现复杂关系和交互效应的建模。这种方法不仅能够提高数据分析和预测的准确性，而且能够揭示隐藏在图数据中的深层次模式和结构，从而在推荐系统、社交网络等多个领域提供前所未有的洞见和解决方案。

本书的特点

（1）全面深入：本书介绍了图神经网络的基础知识、算法原理、应用案例以及实践技巧，内容全面、深入。

（2）应用广泛：本书不仅介绍了图神经网络在社交网络分析、推荐系统等领域的应用，还介绍了其在计算机视觉和自然语言处理等领域的应用。

（3）实践性强：本书介绍了如何使用 Python 和流行的 PyTorch 框架来实现图神经网络，同时还介绍了如何处理和准备图数据集以及图神经网络的超参数调优方法等实践技巧。

（4）系统性强：本书的章节结构清晰，内容层次分明，系统性强，让读者在学习图神经网络时可以更好地理解整体框架和思路。

（5）前瞻性强：本书在讨论图神经网络未来发展的章节中，探讨了图神经网络的挑战和限制，并讨论了图神经网络未来的研究方向和应用前景，具有较强的前瞻性。

资源下载

本书配套示例源码、数据集、PPT 课件，请读者用自己的微信扫描下面的二维码下载。如果在学习本书的过程中发现问题或有疑问，可发送邮件至 booksaga@163.com，邮件主题写上"图神经网络基础、模型与应用实战"。

本书读者

- 图神经网络初学者
- 图神经网络算法开发人员
- 深度学习算法开发人员
- 高等院校或高职高专图神经网络课程的师生

作　者

2024 年 2 月

目　　录

第1章

图神经网络概述

本章将讲解图神经网络（Graph Neural Network，GNN）的基本概念和背景知识，内容包括：

- 什么是图神经网络
- 图神经网络的重要性
- 图神经网络与传统深度学习的区别

1.1 什么是图神经网络

1.1.1 图的基础知识

图的表示：图（Graph）一般包括有向图和无向图。图的节点（Node）表示实体。图的边（Edge）表示节点之间的关系。通常可以使用邻接矩阵（Adjacency Matrix）来表示图。对于图神经网络来说，邻接矩阵是一个非常重要的概念。它可以将图的连通性形象地表示出来，节点与节点之间是否有边相连接，通过矩阵就可以知道。邻接矩阵利用二维矩阵表示图中各顶点之间的关系，对于有 n 个顶点的图来说，可以用 n 阶方阵来表示该图，其中矩阵元素 A_{ij} 表示从顶点 v_i 到 v_j 之间的边，A_{ij} 的大小表示边的权值。如果顶点 v_i 到 v_j 没有边，则可以将 A_{ij} 设置为 0 或者 ∞。图 1-1 所示为无向图及其邻接矩阵，图 1-2 所示为有向图及其邻接矩阵。

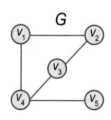

图 1-1　无向图及其邻接矩阵

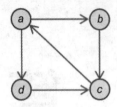

$$\begin{bmatrix} 0 & 1 & 0 & 1 \\ 0 & 0 & 1 & 0 \\ 1 & 0 & 0 & 0 \\ 0 & 0 & 1 & 0 \end{bmatrix}$$

图 1-2　有向图及其邻接矩阵

节点的度：表示与该节点相连的边的个数。

连通图（Connected Graph）：对于一个无向图，如果任意的节点 i 能够通过一些边到达节点 j，则称之为连通图。如果图中任意两个节点能够互相到达，则是强连通，否则是弱连通。对于无向图来说，若其是连通图，则一定是弱连通。对于有向图来说，如果任意两个节点之间都至少一个方向上有路径，则称该图是弱连通图；如果在两个方向上都有路径，则称该图是强连通图。

连通分量：无向图 G 的一个极大连通子图，称为 G 的一个连通分量（或连通分支）。连通图只有一个连通分量（Connected Component），即其自身。非连通的无向图有多个连通分量。

最短路径：两个节点直接相连或者通过其他节点可达的最近距离。

图直径：相隔最远的节点通过其他节点可达的最近距离。

1.1.2　图神经网络简介

图由节点和连接节点的边组成。它可以用来表示各种关系型数据，比如，社交网络中的用户与用户之间的关系、分子化学中原子与原子之间的连接、推荐系统中用户与物品的关联等。图神经网络（GNN）的主要目标是在这些图数据上进行各种任务，如节点分类、链接预测、图分类等。

图神经网络的输入一般是所有节点的起始特征向量和表示节点间连接关系的邻接矩阵。图神经网络的核心思想是基于节点的邻居关系进行信息传播和特征聚合。每个节点都有一个特征向量，表示节点的某些属性或特征。图神经网络通过迭代地更新节点的特征向量，使得节点能够逐渐获得来自邻居节点的信息。这种信息传播和聚合的过程允许模型捕捉节点之间的上下文关系，从而更好地理解图中的结构和模式。

以图 1-3 所示的图为例，首先考虑 A 节点，聚合操作会将当前节点 A 的邻居节点信息乘以系数聚合起来，加到节点 A 上作为 A 节点信息的补足信息，当作一次节点 A 的特征更新。

$$邻居信息 N = a * (2,2,2,2,2) + b * (3,3,3,3,3) + c *(4,4,4,4,4)$$

$$A 的信息 = \sigma(W((1,1,1,1,1) + \alpha * N))$$

对图中的每个节点进行聚合操作，更新所有图节点的特征。通过不断交换邻域信息来更新节点特征，直到达到稳定均衡，此时所有节点的特征向量都包含其邻居节点的信息，然后就能利用这些信息来进行聚类、节点分类、链接预测等。这里举一个简单的例子。一次图节点聚合操作和权重学习可以理解为一层神经网络，后面再重复进行聚合、加权，就是多层迭代。一般 GNN 只要 3~5 层就可以学习到足够的信息。GNN 不会更新和改变输入图（Input Graph）的结构和连通性，所以我们可以用与输入图相同的邻接矩阵和相同数量的特征向量来描述 GNN 的输出图（Output Graph），输出图只是更新了每个节点的特征。

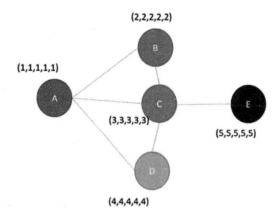

图 1-3　图神经网络示意图

不同的 GNN 模型可能在图卷积层的设计和信息聚合方式上有所不同，例如 GraphSAGE（Graph Sample and Aggregate，图采样和聚集）、GCN（Graph Convolutional Network，图卷积神经网络）、GAT（Graph Attention Network，图注意力网络）等。这些模型在不同的应用领域取得了显著的成果，使得处理图数据的机器学习变得更加高效和精确。总之，GNN 的出现极大地拓展了神经网络在复杂数据结构上的应用领域。

1.1.3　图神经网络的应用领域

下面讲解一下图神经网络（GNN）在不同领域中的应用场景，包括社交网络分析、推荐系统、生物信息学、交通网络优化等场景。

1. 社交网络分析

社交网络通常以图的形式表示，其中节点表示用户，边表示用户之间的关系。GNN 在社交网络分析中的应用包括：

- 节点分类：GNN 可用于识别社交网络中的用户类别，例如识别真实用户和垃圾用户。
- 链接预测：通过学习节点之间的关系，GNN 可以预测社交网络中未来可能的连接，如友谊关系或信息传播路径。
- 社群检测：GNN 可帮助发现社交网络中的社群或群体，以便更好地理解用户群体的行为和互动模式。

2. 推荐系统

推荐系统通过分析用户-物品关系图（如用户-电影、用户-商品）来提供个性化推荐。GNN 在推荐系统中的应用包括：

- 用户和物品嵌入学习：GNN 可以学习用户和物品的嵌入，从而更好地捕捉用户的兴趣和物品的特征，用于个性化推荐。
- 推荐路径分析：GNN 可以分析用户与物品之间的交互路径，以识别潜在的用户兴趣演化和转换路径。

3. 生物信息学

在生物信息学中，GNN 的应用范围广泛，包括：

- 蛋白质相互作用预测：GNN 可分析蛋白质之间的相互作用网络，帮助预测蛋白质之间的相互作用，从而揭示生物学过程中的关键信息。
- 药物发现：GNN 可用于学习化合物结构和生物活性之间的关系，从而加速药物发现过程。
- 基因表达分析：GNN 可分析基因调控网络，帮助理解基因表达的调控机制和相互关系。

4. 交通网络优化

在交通网络中，GNN 的应用包括：

- 交通流量预测：GNN 可用于分析道路网络中的交通流量数据，帮助预测交通拥堵和优化交通管理。
- 路线规划：GNN 可用于优化最佳路线，考虑实时交通情况和道路网络拓扑。
- 交通信号优化：GNN 可帮助优化交通信号控制，以提高交通流畅度和减少交通拥堵。

这些应用示例突显了图神经网络（GNN）在多个领域中的广泛适用性。通过学习图数据的表示和关系，GNN 提供了一种强大的方式来解决复杂的图数据分析和优化问题，为各种应用提供了新的机会和方法。

1.2 图神经网络的重要性

近年来，神经网络的成功推动了模式识别和数据挖掘的研究。许多机器学习任务，如目标检测、机器翻译和语音识别，曾经严重依赖手工制作的特征工程来提取信息特征集，最近已经被各种端到端深度学习范式彻底改变，例如卷积神经网络（CNN）、循环神经网络（RNN）和自动编码器（Auto Encoder）。深度学习在许多领域的成功部分归功于快速发展的计算资源（例如 GPU）、大量训练数据的可用性，以及深度学习从欧几里得数据（例如图像、文本和视频）中提取潜在表征的有效性。以图像数据为例，可以将图像表示为欧几里得空间中的规则网格。卷积神经网络能够利用图像数据的移位不变性、局部连通性和组合性。因此，卷积神经网络可以提取与整个数据集共享的、局部有意义的特征，用于各种图像分析。

虽然深度学习有效地捕获了欧几里得数据的隐藏模式，但越来越多的应用程序将数据以图形的形式表示。例如，在电子商务中，基于图形的学习系统可以利用用户和产品之间的交互来做出高度准确的推荐。在化学中，分子被建模为图形，它们的生物活性需要被确定以用于药物发现。在引文网络中，文章通过引文相互链接，它们需要被分类到不同的组中。图的复杂性给现有的机器学习算法带来了巨大的挑战。由于图可以是不规则的，一个图可能有不同大小的无序节点，来自一个图的节点可能有不同数量的邻居，导致一些重要的操作（如卷积）在图像域很容易计算，但很难应用到图域。此外，现有机器学习算法的一个核心假设是实例彼此独立。这种假设不再适用于图数据，因为每个实例（节点）通过各种类型的链接（如引用、交互）与其他实例（节点）相关。

当我们处理非结构化数据（如文本、图像等）时，可以使用神经网络来学习它们的特征表示。然而，对于更加复杂的数据结构，例如图数据，传统的神经网络模型往往显得无力。在这样的背景下，图神经网络应运而生。它是一类特殊的神经网络，旨在处理图结构数据并学习节点之间的关系。

1.3　图神经网络与传统深度学习的区别

传统深度学习是指在深度学习领域的早期阶段使用的一系列基本技术和方法。这些方法通常包括：

- 人工神经网络（Artificial Neural Network，ANN）：传统深度学习的核心是人工神经网络，通常是基于多层感知器（Multilayer Perceptron，MLP）的模型。这些模型由输入层、隐藏层和输出层组成，每个神经元都与前后层的神经元相连接，通过权重来调整连接的强度。
- 卷积神经网络（Convolutional Neural Network，CNN）：针对图像处理任务的深度学习应用，引入了卷积层和池化层，以捕捉空间关系和降低数据维度。
- 循环神经网络（Recurrent Neural Network，RNN）：用于处理序列数据的深度学习模型，具有记忆性能。
- 反向传播（Backpropagation）算法：反向传播是一种用于训练神经网络的优化算法，通过计算梯度来更新网络参数，以最小化损失函数。
- 激活函数（Activation Function）：激活函数用于引入非线性性质，常见的激活函数包括 Sigmoid、ReLU（Rectified Linear Unit）和 Tanh 等。
- 损失函数（Loss Function）：损失函数用于衡量模型的预测与实际标签之间的差距，常见的损失函数包括均方误差（Mean Squared Error）和交叉熵损失（Cross-Entropy Loss）等。
- 优化算法（Optimization Algorithm）：用于更新神经网络参数的优化算法，如随机梯度下降（Stochastic Gradient Descent）及其变种。
- 批处理（Batch Processing）：将训练数据划分为小批量来进行模型参数的更新，有助于训练的稳定性和加速。
- 正则化（Regularization）：为了避免过拟合，可以使用正则化技术，如 L1 正则化和 L2 正则化，来约束模型参数的大小。
- 初始化策略（Initialization Technique）：合适的权重初始化对于训练深度神经网络非常重要，例如 Xavier 初始化和 He 初始化。

这些传统深度学习技术为现代深度学习的发展奠定了基础，但现代深度学习已经发展到了更高级的阶段，包括使用卷积神经网络进行图像识别、使用循环神经网络进行自然语言处理、使用生成对抗网络进行图像生成等。在深度学习领域的应用也不断演进，包括自动驾驶、医疗诊断、自然语言处理和语音识别等。

1.3.1 传统深度学习模型

下面将详细介绍卷积神经网络、循环神经网络、生成对抗网络这三种经典的传统深度学习模型。

1. 卷积神经网络

卷积神经网络是一种带有卷积结构的深度神经网络，卷积结构可以减少深层网络占用的内存量，其有三个关键的操作：局部感受野、权值共享和池化层，有效地减少了网络的参数个数，缓解了模型的过拟合问题。

卷积神经网络的结构组成如下。

- 输入层（Input Layer）：用于数据的输入。
- 卷积层（Convolution Layer）：卷积神经网络中每层卷积层由若干卷积单元组成，每个卷积单元参数通过反向传播算法优化得到。卷积运算的目的是提取输入的不同特征，每一层卷积层智能提取一些低级的特征，如边缘、线条和角等层级，更多层的网络能从低级特征中迭代提取更复杂的特征。
- 激活函数（Activation Function）：将卷积层的输出非线性化，最常用的激活函数是 ReLU。不被记作单独层数。
- 池化层（Pooling Layer）：减少图像特征（Feature Map）的空间尺寸，减少训练参数数量。
- 全连接层（Fully Connected Layer）：把所有局部特征结合变成全局特征，一般用来计算每一类的得分，起到分类器的作用，一般都使用 softmax 激活函数量化最终的输出。
- 输出层（Output Layer）：输出最终结果。

卷积神经网络（CNN）在图像处理、计算机视觉等领域有着广泛的应用，以下是一些常见的应用场景。

- 图像分类：CNN 可以对图像进行分类，如将一幅照片分为人、动物、建筑等不同类别。
- 目标检测：CNN 可以在图像中检测出特定的目标，如行人、车辆等。
- 人脸识别：CNN 可以对人脸进行识别和匹配，如在人脸门禁系统中的应用。
- 图像生成：CNN 可以生成逼真的图像，如 GAN（Generative Adversarial Network，生成对抗网络）模型可以生成逼真的人脸、风景等图像。
- 自动驾驶：CNN 可以对路况进行识别和分析，以实现自动驾驶等功能。
- 医学影像分析：CNN 可以对医学影像进行分析和诊断，如对 CT、MRI 等影像进行病灶检测和分类。
- 自然语言处理：CNN 可以对文本进行分类和情感分析，如对新闻文章进行分类和情感分析等。

总之，卷积神经网络在图像处理、计算机视觉、自然语言处理等领域有着广泛的应用，随着深度学习技术的不断发展和进步，其应用场景也将不断扩大和深化。

2. 循环神经网络

循环神经网络（RNN）是一种常用的神经网络结构，它源自 1982 年由 Saratha Sathasivam 提出的霍普菲尔德网络。

RNN 背后的想法是利用顺序信息。在传统的神经网络中，假设所有输入（和输出）彼此独立。但对于许多任务而言，这是不合理的。如果想预测句子中的下一个单词，那么最好知道它前面有哪些单词。RNN 被称为"循环"，这是因为它们对序列的每个元素执行相同的任务，输出取决于先前的计算。考虑 RNN 的另一种方式是它有一个"记忆"，可以捕获到目前为止计算的信息。图 1-4 所示为典型的 RNN 网络在 t 时刻展开的样子。

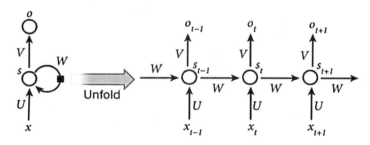

图 1-4　循环神经网络

其中，x_t 是输入层的输入；s_t 是隐藏层的输出，s_0 是计算第一个隐藏层所需要的，通常初始化为全零；o_t 是输出层的输出。

从图中可以看出，RNN 网络的关键一点是 s_t 值不仅取决于 x_t，还取决于 s_{t-1}。

这里需要注意：

- 将隐藏的状态 s_t 看作网络的记忆，它捕获有关所有先前时间步骤中发生的事件的信息。步骤输出 o_t 根据时间 t 的记忆计算。它在实践中有点复杂，因为 s_t 通常无法从太多时间步骤中捕获信息。
- 与在每层使用不同参数的传统深度神经网络不同，RNN 共享相同的参数（所有步骤的 U、V、W）。这反映了在每个步骤执行相同任务的事实，只是使用不同的输入，这大大减少了我们需要学习的参数总数。

3. 生成对抗网络

生成对抗网络（GAN）包含两个模型，一个是生成模型（Generative Model），另一个是判别模型（Discriminative Model）。判别模型的任务是判断给定的实例看起来是自然真实的还是人为伪造的（真实实例来源于数据集，伪造实例来源于生成模型）。

如图 1-5 所示为生成对抗模型的模型框架，训练 GAN 有两个部分。

（1）鉴别器（Discriminator）：在这个阶段，网络只进行前向传播，不进行反向传播。判别器在真实数据上训练 n 个 epoch（轮数），看看是否可以正确地将它们预测为真实数据。此外，在这个阶段，鉴别器还接受了生成器生成的假数据的训练，看看是否可以正确地将它们预测为假数据。

（2）生成器（Generator）：生成模型的任务是生成看起来自然真实的、和原始数据相似的实例。在鉴别器空闲时训练生成器。在通过生成器生成的假数据训练判别器之后，可以得到它的预测并使用结果来训练生成器，使生成的数据更接近真实数据，从而试图欺骗判别器。将上述方法重复几个 epoch，然后检查虚假数据是否看起来是真实的。如果它看起来可以接受，则停止训练，否则允许它再继续几个 epoch。

这样，两个模型就在相互竞争，在博弈论意义上是对抗性的，在玩零和游戏。在这种情况下，零和意味着当判别器成功识别真假样本时，它会获得奖励或不需要更改模型参数，而生成器会因模型参数的大量更新而受到惩罚。或者，当生成器欺骗判别器时，它会得到奖励，或者不需要更改模型参数，但判别器会受到惩罚并更新其模型参数。

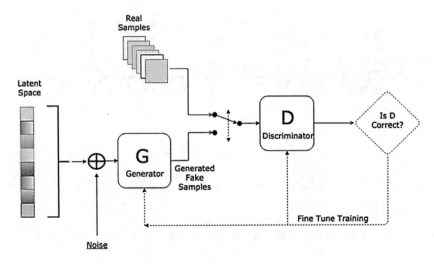

图 1-5　生成对抗模型

1.3.2　图神经网络与传统深度学习的区别

在处理图结构数据时，图神经网络（GNN）与传统深度学习方法之间存在一些重要的区别。

1. 在数据结构上

传统深度学习方法通常处理向量或矩阵形式的数据，如文本、图像等。这些数据结构中缺少显式的节点和边的概念。而图神经网络专门用于处理图结构数据，其中数据由节点和边组成，节点表示实体，边表示实体之间的关系。图神经网络能够捕捉节点之间的关系，使得它们适用于处理社交网络、分子结构等图数据。

2. 在信息传播和聚合上

传统深度学习方法通过层叠的全连接层、卷积层等来提取特征。信息在网络中以固定的方式传递，没有明确的信息传播和聚合过程。图神经网络则以节点为中心，通过迭代的信息传播和聚合过程更新节点的特征表示。每一轮迭代中，节点会考虑其邻居节点的特征，从而捕捉节点之间的关系。

3. 在节点关系建模上

在传统深度学习中，节点之间的关系往往隐含在数据的特征中，模型需要从数据中自行学习这些关系。图神经网络直接建模节点之间的关系，通过信息传播和聚合来捕捉这些关系。这使得图神经网络能够更好地理解节点之间的上下文信息。

4. 迭代性质

传统深度学习一般是前馈的，每一层的输出直接作为下一层的输入，没有显式的迭代过程。图神经网络具有迭代性质，信息在节点之间传播和聚合，每一轮迭代会更新节点的特征。这使得图神经网络能够逐步聚焦于节点的局部和全局信息。

总的来说，图神经网络是为了更好地处理图结构数据而设计的，通过显式的信息传播和聚合过程，能够捕获节点之间的关系并提取有用的特征。传统深度学习方法适用于处理向量和矩阵形式的数据，而图神经网络则在处理图数据方面表现出色。这两者在处理不同类型的数据和问题上具有不同的优势。

第 2 章

PyTorch 开发环境搭建

本章将讲解图神经网络开发环境的搭建，内容包括：

- Anaconda 的安装和配置
- PyCharm 的安装和配置
- PyTorch 的安装和配置
- PyTorch Geometric 的安装和配置

2.1　Anaconda 的安装和配置

Python 是一种面向对象的解释型计算机程序设计语言，其使用具有跨平台的特点，可以在 Linux、macOS 以及 Windows 系统中搭建环境并使用。其编写的代码在不同平台上运行时，几乎不需要做较大的改动，使用者无不受益于它的便捷性。

此外，Python 的强大之处在于它的应用范围之广，遍及人工智能、科学计算、Web 开发、系统运维、大数据及云计算、金融、游戏开发等。实现其强大功能的前提，就是 Python 具有数量庞大且功能相对完善的标准库和第三方库。通过对库的引用，能够实现对不同领域业务的开发。然而，正是由于库的数量庞大，对于管理这些库以及对库进行及时维护成为既重要但复杂度又高的事情。

Anaconda 是一种科学计算环境，可以便捷获取包且对包能够进行管理，同时可以对环境统一管理。Anaconda 包含 Conda、Python 在内的超过 180 个科学包及其依赖项。

Anaconda 的官方网址为 https://www.anaconda.com/download，从官网下载官方安装程序 Anaconda3-2023.07-2-Windows-x86_64.exe，双击运行，并按照操作提示进行安装。当成功安装后，会在桌面上生成 Anaconda Navigator (Anaconda3) 的应用程序图标，双击打开后如图 2-1 所示，这个就是 Anaconda 的桌面应用程序。

图 2-1　Anaconda 的桌面应用程序

使用 Anaconda 的桌面应用程序，可以很方便地为每一个 Python 项目创建分离的虚拟环境，为不同的项目加载不同版本的包，并对项目下的包及其依赖关系进行管理。

如图 2-2 所示，单击程序中的 Environments，可以查看当前计算机中存在的虚拟环境，单击下方的 Create 按钮可以创建新的虚拟环境，输入环境名称并选择 3.9.17 版本的 Python，单击 Create 按钮即可创建相应 Python 版本的虚拟环境。

图 2-2　创建虚拟环境

2.2 PyCharm 的安装和配置

Python 中自带了一个 IDE，在安装好 Python 后即可进行代码的编写，但是这样编写程序效率很低，在实际应用中一般使用其他集成 IDE 作为 Python 的开发环境，如 PyCharm、Visual Studio Code、Eclipse with PyDev 等。在这里，我们使用的是 PyCharm 集成开发环境。PyCharm 的官方下载地址为 https://www.jetbrains.com/pycharm/download，选择页面下方的社区版进行下载，并按照安装向导的提示进行安装。

PyCharm 是基于项目进行管理的，可以新建一个项目或者打开一个已经存在的项目，并对其进行相应的设置。首先打开 PyCharm，单击 File→New Project...菜单新建项目，如图 2-3 所示。或者单击 File→Open...菜单打开已经存在的项目，如图 2-4 所示。

图 2-3　创建 PyCharm 项目

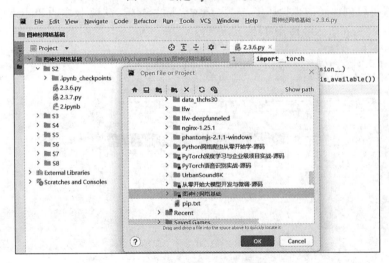

图 2-4　打开已经存在的项目

选择项目地址后，再配置一下项目的解释器。打开项目后，单击 File→Settings...菜单，打开 Settings 窗口，如图 2-5 所示。单击 Settings 窗口右上方的 Add Interpreter 添加解释器，按图 2-6 选择添加本地解释器，Conda 可执行文件是位于 Anaconda 安装地址下 Scripts 文件夹中的 conda.exe，选择好后单击 Load Environments 按钮，然后就可以选择已经创建好的 Conda 环境或者创建新的环境了。

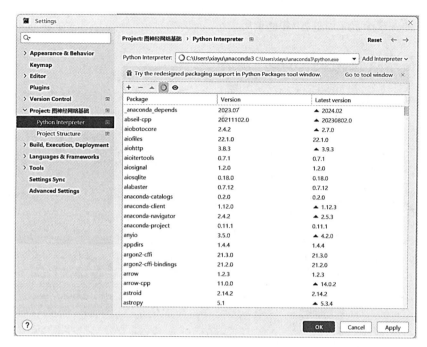

图 2-5　链接 Conda 虚拟环境

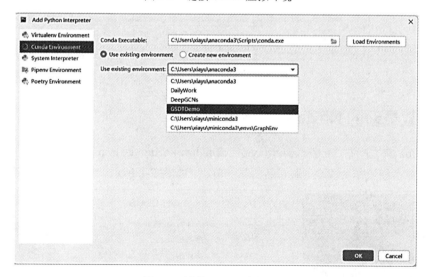

图 2-6　链接 Conda 虚拟环境

单击 OK 按钮回到上一级界面 Settings 窗口后，再单击 OK 按钮即可完成项目的配置。

2.3　PyTorch Geometric 的安装和配置

在安装好 Anaconda 包管理工具和 PyCharm 开发环境后，我们已经能够进行 Python 代码的编写，现在需要进行 PyTorch 深度学习环境的搭建。进行通用深度学习环境的搭建，需要安装 Navida CUDA

与 cuDNN，方便深度学习应用进行 GPU 调用。

2.3.1 查看系统支持的 CUDA 版本

打开 Navida 控制面板，单击"帮助"→"系统信息"→"组件"，查看计算机的 CUDA 版本，如图 2-7 所示。

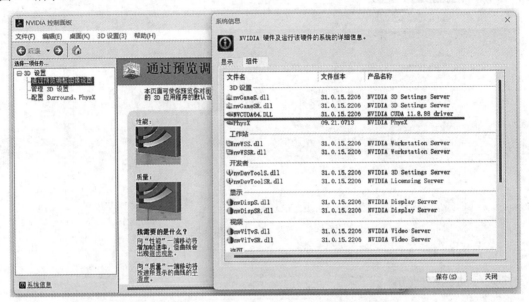

图 2-7 查看系统 CUDA 版本

2.3.2 下载最新的 Navida 显卡驱动

打开 Navida 官方网站（https://www.nvidia.com/download/index.aspx?lang=en-us），选择自己的计算机对应的显卡和操作系统，下载最新的显卡驱动，如图 2-8 所示。

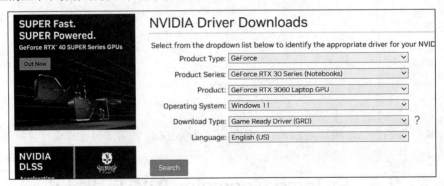

图 2-8 下载 Navida 显卡驱动

2.3.3 下载 CUDA Toolkit

打开 CUDA 工具网址（https://developer.nvidia.com/cuda-toolkit-archive），选择自己的计算机支

持的 CUDA 版本，进行 CUDA 工具的安装，比如作者选择 11.8.0 版本，如图 2-9 和图 2-10 所示。

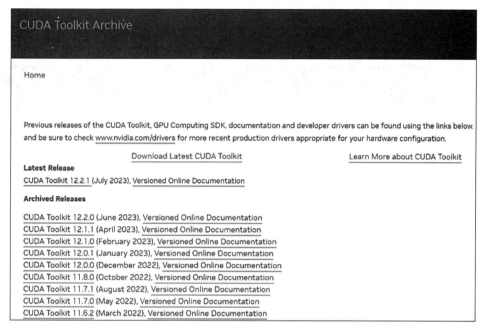

图 2-9　下载自己的计算机对应 CUDA 版本的 CUDA 工具

图 2-10　选择自己的计算机对应的操作系统进行安装

安装完成后，打开 CMD 窗口，输入命令 nvcc--version，可以查看 CUDA 是否安装成功，如图 2-11 所示。

```
PS C:\Users\xiayu> nvcc --version
nvcc: NVIDIA (R) Cuda compiler driver
Copyright (c) 2005-2022 NVIDIA Corporation
Built on Wed_Sep_21_10:41:10_Pacific_Daylight_Time_2022
Cuda compilation tools, release 11.8, V11.8.89
Build cuda_11.8.r11.8/compiler.31833905_0
```

图 2-11　检查 CUDA 工具是否安装成功

2.3.4 cuDNN 的安装

cuDNN 下载地址为 https://developer.nvidia.com/rdp/cudnn-download，下载 cuDNN 需要注册 Navida 账户，再选择对应的 CUDA 版本进行下载，如图 2-12 所示。

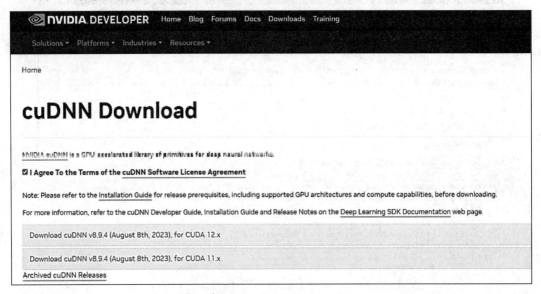

图 2-12 下载 cuDNN

下载完成后解压缩，会得到三个子文件夹，如图 2-13 所示。

图 2-13 cuDNN 解压缩后的目录

CUDA 的默认安装路径为 C:\Program Files\NVIDIA GPU Computing Toolkit\CUDA\v 版本号。将 cuDNN 三个文件夹的内容分别复制到 CUDA 主目录下对应的文件夹里面，如图 2-14 所示。

图 2-14 将 cuDNN 中的文件复制到 CUDA 目录下

2.3.5　安装 PyTorch 框架虚拟环境

打开 PyTorch 的官方网址 https://pytorch.org/get-started/previous-versions/，在历史版本中找到我们需要的版本，复制 conda 命令安装的代码，如图 2-15 所示。

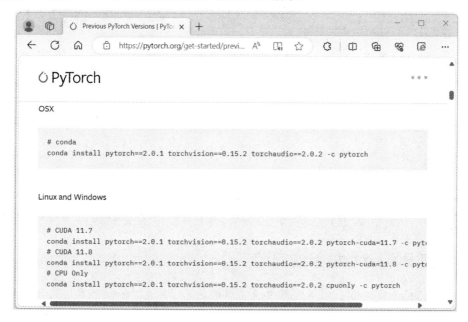

图 2-15　在 PyTorch 官网选择所需的版本

这里我们以安装 PyTorch 2.0.1 版本、CUDA 11.8 版本为例，代码为：

```
conda install pytorch==2.0.1 torchvision==0.15.2 torchaudio==2.0.2
pytorch-cuda=11.8 -c pytorch -c nvidia
```

获得代码后，打开 PyCharm 中之前新建的项目，单击左侧下方终端按钮，使用如下命令创建并激活虚拟环境（其中 GraphEnv 是我们自定义的环境名）：

```
conda create -n GraphEnv python=3.9
conda activate  GraphEnv
conda install pytorch==2.0.1 torchvision==0.15.2 torchaudio==2.0.2
pytorch-cuda=11.8 -c pytorch -c nvidia
#安装其他工具包
deactivate  #Exit virtual environment
```

然后输入复制的代码并按 Enter 键确认，即可下载对应的 PyTorch 框架，如图 2-16 所示。虚拟环境创建好后，可以在 PyCharm 中为本书项目设置 Python Interpreter，具体操作为 File→Setting…→Python Interpreter→Add Interpreter→Add Local Interpreter→Conda Environment→Load Environment→Use existing environment→GraphEnv（这个 GraphEnv 就是我们前面创建的虚拟环境。针对不同项目的环境要求，我们可以相应地创建不同的虚拟环境）。

在后面各章运行示例项目时，如果对 PyTorch 版本及其他依赖包版本有特殊要求，均可以按前面讲解的方法，创建并激活新的虚拟环境来支持。

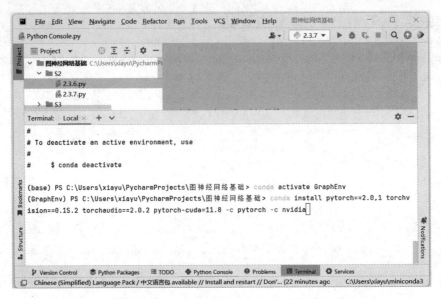

图 2-16　在 PyCharm 中打开终端，激活虚拟环境后安装库文件

2.3.6　检查 PyTorch 框架的安装

新建一个 2.3.6.py 文件，运行以下代码。如果能够成功运行并返回 torch 版本与 True，说明 PyTorch 框架安装成功并调用了 GPU。

```python
import torch
print(torch.__version__)
print(torch.cuda.is_available())
```

运行代码，返回结果说明 PyTorch 安装成功，如图 2-17 所示。

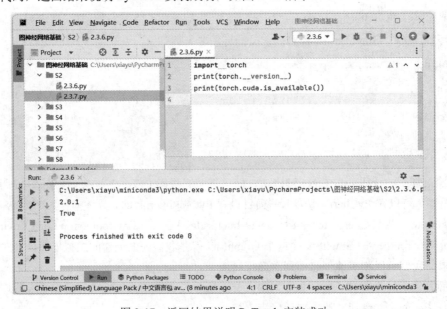

图 2-17　返回结果说明 PyTorch 安装成功

2.3.7　安装图神经网络库

torch 的图神经网络需要安装额外模块。首先在 https://pytorch-geometric.com/whl/中选择对应的
torch 与 CUDA 版本。如图 2-18 所示。比如，单击 torch-2.0.1+cu118 链接打开下载页面。

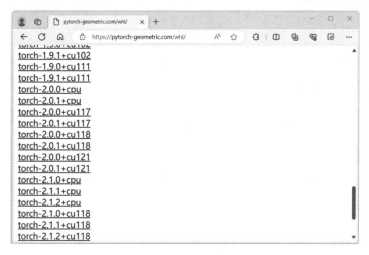

图 2-18　选择对应的 torch 版本与 CUDA 版本

然后选择 torch_cluster、torch_scatter、torch_sparse、torch_spline_conv 四个与项目对应的操作系
统与 Python 版本的.whl 文件，并将它们下载下来，如图 2-19 所示。

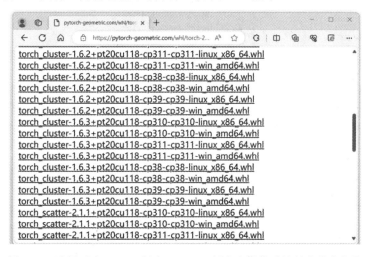

图 2-19　选择对应 Python 版本、CUDA 版本和操作系统版本的库文件

下载完成后，将 4 个.whl 文件放置到项目文件夹下，然后打开 PyCharm 项目，在终端中使用
pip 命令安装本地文件，如下所示：

```
pip install torch_cluster-1.6.3+pt20cu118-cp39-cp39-win_arm64.whl
pip install torch_scatter-2.1.2+pt20cu118-cp39-cp39-win_amd64.whl
pip install torch_sparse-0.6.18+pt20cu118-cp39-cp39-win_amd64.whl
pip install torch_spline_conv-1.2.2+pt20cu118-cp39-cp39-linux_x86_64.whl
```

4 个相关库都安装完成后，再在终端中输入命令 pip install torch-geometric，即可安装图神经网络库 torch-geometric。

以上库文件安装完成后，接下来测试一下图神经网络库是否安装成功。新建一个.py 文件，复制以下代码并运行：

```python
import torch_sparse
import torch_scatter
import torch_cluster
import torch_spline_conv
import torch_geometric
import torch
print("torch_sparse: ", torch_sparse.__version__)
print("torch_scatter: ", torch_scatter.__version__)
print("torch_cluster: ", torch_cluster.__version__)
print("torch_spline_conv: ", torch_spline_conv.__version__)
print("torch_geometric: ", torch_geometric.__version__)
print("torch: ", torch.__version__)
```

如果上面的代码运行成功，就表明图神经网络库安装成功，如图 2-20 所示。

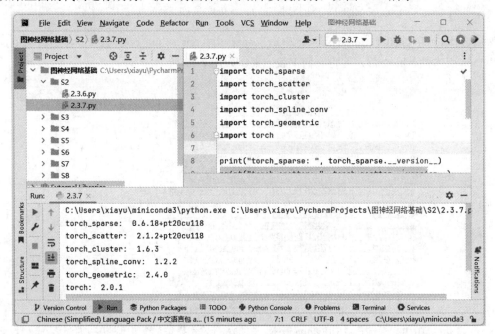

图 2-20　代码运行结果

2.3.8　使用 Jupyter Notebook 运行代码

2.1 节安装 Anaconda 时，也安装了 Jupyter Notebook。Jupyter Notebook 提供了一个 Web 代码运行环境，用户可以在其页面上编写代码、运行代码、查看结果并可视化数据。本书示例源码建议在 Jupyter Notebook 中运行，运行方法是在管理员终端执行命令：jupyter notebook，执行命令之后，在终端中将会显示一系列 Notebook 的服务器信息，如图 2-21 所示。

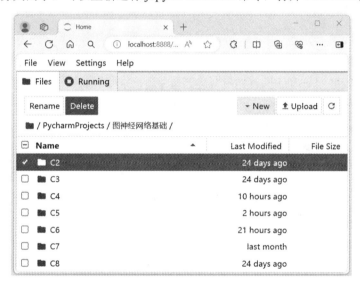

图 2-21　运行 Notebook 服务器

同时将会自动启动系统默认的浏览器，打开 Jupyter Notebook 运行环境，界面如图 2-22 所示。使用 Notebook 运行环境时，不能关闭图 2-22 所示的终端管理员窗口，否则 Notebook 服务会被关闭。如果 Notebook 服务关闭了，可以重新运行 jupyter notebook 命令，打开 Notebook 服务。

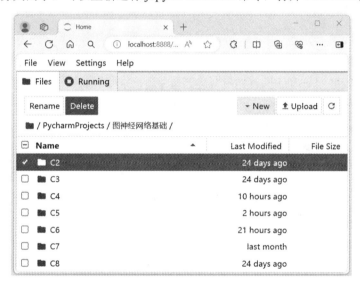

图 2-22　浏览器中的 Jupyter Notebook 界面

如果要打开并运行 Notebook 代码文件，比如打开第 2 章的 2.ipynb，可在如图 2-22 所示的界面中，按目录层次找到这个示例文件，双击打开并逐个运行代码段，界面如图 2-23 所示。

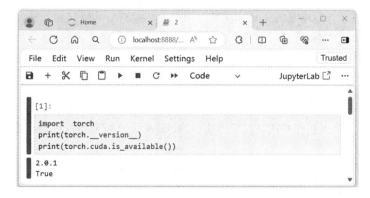

图 2-23　在 Notebook 界面中打开示例文件

第 3 章

数据集的获取与加载

本章将讲解 PyTorch Geometric 数据集的获取与加载，内容包括：

- PyTorch Geometric 内置数据集
- 自定义数据集
- 数据集预处理步骤

3.1 PyTorch Geometric 内置数据集

PyTorch Geometric 内置数据集包括 Cora、CiteSeer、PubMed 等。本节将讲解 PyTorch Geometric 内置数据集及其代码加载方法。

3.1.1 PyTorch Geometric 简介

PyTorch Geometric（简称 PyG）是一个用于处理图数据的 Python 库，它基于 PyTorch 深度学习框架构建。PyG 提供了一组丰富的工具和功能，用于图神经网络的研究和开发。

PyTorch Geometric 由各种已发表的论文中用于对图结构和其他不规则数据结构进行深度学习处理的方法组成。此外，它还包括易于使用的迷你批处理加载器，用于在许多小型和单个巨型图上运行。它提供了多 GPU 支持、torch.compile 支持和 DataPipe 支持，拥有大量通用基准数据集。

具体来说，PyTorch Geometric 具有以下优势：

（1）PyG 支持多种图数据格式，包括邻接矩阵、边列表和节点特征张量，用户可以轻松加载、处理和表示图数据。

（2）PyG 内置许多常用的图数据集，例如 Cora、CiteSeer 和 PubMed 等，方便用户进行实验和研究。

（3）PyG 提供了各种 GNN 模型的实现，包括 GCN、GraphSAGE、Gated Graph Neural Networks

（GGNN）等。这些模型可以轻松用于节点分类、链接预测、图分类等任务。

（4）PyG 允许用户自定义图神经网络层和操作，以适应特定的研究需求。

（5）PyG 针对大规模图数据进行了优化，使用 GPU 加速计算，提高了训练速度。

（6）PyG 提供了可视化工具，用于可视化和分析图数据。

（7）PyG 与 PyTorch 深度学习框架无缝集成，允许用户使用 PyTorch 的功能和工具（如自动求导等）来构建和训练图神经网络。

PyTorch Geometric 帮助研究人员和开发人员更轻松地进行图数据的深度学习研究和应用开发。它已经成为图神经网络领域的重要工具之一，并在学术界和工业界广泛应用。

PyTorch Geometric 主要包含以下几个模块。

- torch_geometric：主模块。
- torch_geometric.nn：搭建图神经网络层。
- torch_geometric.data：图结构数据的表示。
- torch_geometric.loader：加载数据集。
- torch_geometric.datasets：常用的图神经网络数据集。
- torch_geometric.transforms：数据变换。
- torch_geometric.utils：常用工具。
- torch_geometric.graphgym：常用的图神经网络模型。

3.1.2　PyG 内置数据集简介

PyTorch Geometric 内置了许多常用的图数据集，方便用户在实验和模型开发中使用这些数据集进行训练和评估。其图数据集包括 5 个部分：Homogeneous Datasets（同构数据集）、Heterogeneous Datasets（异构数据集）、Synthetic Datasets（合成数据集）、Graph Generators（图形发生器）和 Motif Generators（基调发生器），每个部分都提供了很多不同的数据集供用户使用。下面是一些常用的数据集介绍。

（1）Cora、Citeseer 和 PubMed：这些数据集是文献引用网络的经典示例，用于文本分类任务。它们包含文章和它们之间的引用关系，通常用于节点分类任务，即预测每个节点（文章）的类别。

（2）Reddit：Reddit 数据集包含 Reddit 社交媒体上的帖子和用户之间的互动。它通常用于图分类和图回归任务，例如预测社区的标签或预测帖子的受欢迎程度。

（3）Amazon 商品共购网络：这个数据集包含 Amazon 网站上商品的共购网络，用于协同过滤和推荐系统的研究。

（4）Karate Club：这是一个小型社交网络数据集，通常用于演示和测试图神经网络模型的基本功能。

（5）PPI（Protein-Protein Interaction，蛋白质-蛋白质相互作用）：用于预测蛋白质之间的相互作用的数据集。这是一个生物信息学领域的重要任务。

（6）OGB（Open Graph Benchmark）数据集：这是一个包含大量图数据集的库，用于评估图神经网络模型的性能。

（7）TUDatasets（Technische Universität Dataset）：这是一系列图数据集，涵盖不同领域的应

用，包括社交网络、分子化学、电子电路等。

如果想要了解更多的内置数据集信息，可以访问 PyTorch Geometric 的官方文档：https://pytorch-geometric.readthedocs.io/en/latest/modules/datasets.html。

3.1.3 如何加载内置数据集

Planetoid 是 PyG 库中的一个示例数据集，用于节点分类任务。这个数据集包括三个子数据集，分别是 Cora、CiteSeer 和 PubMed。每个子数据集都代表一个学术文献引用网络，其中节点表示论文，边表示引用关系，节点上带有文本特征。

当我们需要加载内置数据集时，需要导入相关的模块，如上述的 TUDatasets 模块。以 Cora 数据集为例，我们需要先导入 Planetoid 模块，然后就可以使用简单的代码导入该数据集了。下面是具体的 Cora 数据集加载代码：

```
from torch_geometric.datasets import Planetoid

#指定数据集的根目录，在该目录下自动下载数据集
root = './data'

#加载 Cora 数据集
dataset = Planetoid(root=root, name='Cora')

#打印数据集信息
print(f'Dataset: {dataset}:')
#打印数据集数据量
print(f'Number of graphs: {len(dataset)}')
#打印数据集特征数量
print(f'Number of features: {dataset.num_features}')
#打印数据集类别数量
print(f'Number of classes: {dataset.num_classes}')
```

获得数据集 dataset 后，可以使用数组索引的方式访问该数据集的每一个数据，即对应的图。

```
#获取数据集的第一个图
data = dataset[0]

#打印第一个图的信息
print('\nData information:')
print(data)

#获取图的特征、标签和边
#数据的特征矩阵
x = data.x
#数据标签
y = data.y
#数据的边的索引
```

```
edge_index = data.edge_index

#打印图的节点数量和边的数量
print('\nNumber of nodes:', data.num_nodes)
print('Number of edges:', data.num_edges)
```

3.2　自定义数据集

虽然 PyTorch Geometric 已经内置了很多数据集,但如果我们想要使用自己的数据集或非公开数据集,这时就需要加载自己的数据集。PyTorch Geometric 提供了相应的类来实现自定义数据集,如 CSV、JSON、GML 等。

3.2.1　torch_geometric.data.Dataset 类

torch_geometric.data.Dataset 类是 PyTorch Geometric 库中的一个重要类,主要功能是管理和操作包含多个图的数据集。它提供了一种方便的方式来加载、管理和预处理图数据,可用于各种图神经网络任务,如节点分类、图分类、链接预测等。

（1）初始化和创建数据集:我们可以通过创建一个继承自 torch_geometric.data.Dataset 的子类来定义自己的数据集。在子类中,需要实现 __init__ 方法来初始化数据集,并且通常需要重写 len 方法来返回数据集中的图数量。

（2）数据加载和转换:Dataset 类提供了 Data 对象的列表,每个 Data 对象代表一个图。Data 对象包含图的节点特征、边信息和目标标签等。可以通过自定义 Data 对象的处理方法来加载和转换图数据,以适应特定的任务。

（3）数据访问:我们可以使用索引来访问数据集中的单个图。例如 3.1 节中加载的 Cora 数据集,就是得到一个 dataset,我们使用 dataset[0]返回 Cora 数据集中的第一个图,这是一个 Data 对象。然后,可以通过这个 Data 对象访问该图的节点特征、边信息等属性。

PyTorch Geometric 提供两种不同的 Dataset:InMemoryDataset 和 Dataset。其中 InMemoryDataset 类是 Dataset 的一个子类,专门用于在内存中存储所有图数据的情况。当数据集的规模不太大,可以一次性加载到内存中时,可以使用 InMemoryDataset 类,因为它在加载数据时会将所有数据一次性加载到内存中,以提高数据访问的效率。如果数据集非常大,不适合一次性加载到内存中,这时应该使用 Dataset 类,将数据集分批加载到内存中。

1. torch_geometric.data.InMemoryDataset

如果要创建一个 InMemoryDataset,需要实现下列函数。

1）Raw_file_names()
这个函数返回一个包含未处理数据的名字的 list。如果只有一个文件,那么它返回的 list 将只包含一个元素。

2）Processed_file_names()

这个函数返回一个包含所有已处理数据的 list。在调用 process()函数后，通常返回的 list 只有一个元素，它只保存已处理数据的名字。

3）Download()

这个函数下载数据到我们正在工作的目录中，可以在 self.raw_dir 中指定。如果不需要下载数据，在这函数中写一个 pass 即可。

4）Process()

这是 Dataset 中最重要的函数，可以在这里对数据进行各种处理。

下面是一个实现 InMemoryDataset 类的例子。

```python
import torch
from torch_geometric.data import InMemoryDataset, Data

class MyOwnDataset(InMemoryDataset):
    def __init__(self, root, transform=None, pre_transform=None):
        super(MyOwnDataset, self).__init__(root, transform, pre_transform)
        #数据集的名称和根目录
        self.data, self.slices = torch.load(self.processed_paths[0])

    @property
    def raw_file_names(self):
        #指定原始数据文件的文件名
        return ['some_file_1', 'some_file_2', ...]

    @property
    def processed_file_names(self):
        #指定已处理数据文件的文件名
        return ['data_1.pt', 'data_2.pt', ...]

    def download(self):
        #下载原始数据并保存到 self.raw_dir
        #如果不需要下载数据，在该函数体中写 pass 即可

    def process(self):
        #加载和处理原始数据，创建图数据
        #比如创建一个 Data 对象，表示一个图数据
        data = Data()
        #在 Data 对象中设置节点特征、边索引、边属性等信息
        #例如 data.x = ...          #节点特征
        #data.edge_index = ...      #边索引
        #data.edge_attr = ...       #边属性
        torch.save((data, data), self.processed_paths[0])
```

在上述代码中，如果需要的话，还可以在构造函数中传入一些参数对数据进行处理。即：

```
__init__(self, root, transform=None, pre_transform=None, pre_filter=None)
```

在上面的代码中，_init_()是类的构造函数，用于初始化数据集对象。其参数可以提供数据集的根目录 root，以及可选的数据预处理和数据过滤器函数，默认都是 None。每个函数的用法如下：

（1）transform 函数在使用前动态地转换数据对象，一般用于数据增强。

（2）pre_transform 函数是将数据集存储在磁盘前的转换函数，一般用于仅需做一次的大量预计算任务。

（3）pre_filter 函数在存储前过滤一些对象。

2. torch_geometric.data.Dataset

当我们的数据集很大时，不能将它们一次性放在内存中，这时就需要用到另一个类 torch_geometric.data.Dataset。与 InMemoryDataset 相比，它还需要实现以下方法。

（1）len()：返回数据集中的样本数。

（2）get()：实现读取一个图的逻辑。

（3）__getitem__()方法从 get()中获取一个数据对象，并根据 transform 选择性地转换它。

下面是创建一个 torch_geometric.data.Dataset 的例子。

```python
import os.path as osp
import torch
from torch_geometric.data import Dataset, download_url

class MyOwnDataset(Dataset):
    def __init__(self, root, transform=None, pre_transform=None):
        super().__init__(root, transform, pre_transform)

    @property
    def raw_file_names(self):
        return ['some_file_1', 'some_file_2', ...]

    @property
    def processed_file_names(self):
        return ['data_1.pt', 'data_2.pt', ...]

    def download(self):
        #Download to 'self.raw_dir'
        path = download_url(url, self.raw_dir)
        ...
    '''-------------------上面与InMemoryDataset 的用法一致--------------------'''
    def process(self):
    #这个函数因为数据比较多，无法一次性读入内存，所以以图为单位分开读取、处理，再存储
        idx = 0
        for raw_path in self.raw_paths:
            #从 'raw_path'读取数据
            data = Data(...)
```

```
        if self.pre_filter is not None and not self.pre_filter(data):
            continue

        if self.pre_transform is not None:
            data = self.pre_transform(data)

        torch.save(data, osp.join(self.processed_dir, f'data_{idx}.pt'))
        idx += 1

def len(self):
    return len(self.processed_file_names)

def get(self, idx):
    data = torch.load(osp.join(self.processed_dir, f'data_{idx}.pt'))
    return data
```

3.2.2　torch_geometric.data.DataLoader 类

torch_geometric.data.DataLoader 是 PyTorch Geometric 库中提供的一个用于加载图数据的数据加载器。它允许我们使用批量方式加载和处理大量的图数据。

以下是 torch_geometric.data.DataLoader 的主要功能和使用方法。

- 加载图数据集：可以将图数据集（如节点特征、边信息等）传递给 DataLoader。
- 自动批处理：DataLoader 会自动将数据划分成小批次，这对于训练神经网络非常重要。
- 并行加载：DataLoader 支持多进程加载数据，可以加快数据加载速度。
- 数据打乱和重排：可以选择是否在每个 epoch 之前对数据进行随机打乱，以增加模型的泛化性能。

下面是一个使用 DataLoader 加载数据集的例子。

```
from torch_geometric.data import DataLoader
from torch_geometric.datasets import TUDataset
from torch_geometric.utils import degree

#创建一个数据集
dataset = TUDataset(root='data/TUDataset', name='ENZYMES')

#创建一个数据加载器
loader = DataLoader(dataset, batch_size=32, shuffle=True)

#遍历数据加载器
for data in loader:
    print(data)
```

在上面的代码中，首先创建了一个 TUDataset 对象，该对象表示一个图数据集，即我们选择的

MUTAG 数据集。然后，使用 DataLoader 创建了一个数据加载器，指定 batch_size 为 32、shuffle 为
True，这将使数据在加载时被打乱并以批量的方式返回。最后，使用 for 循环遍历数据加载器，每次
迭代会返回一个批量的图数据。代码中的路径和数据集名称需要根据实际情况进行调整。

在 PyTorch Geometric 中使用 DataLoader 进行并行加载，可以使用 torch.utils.data.DataLoader 中
的 num_workers 参数来指定要使用的并行工作进程的数量。这可以加速数据加载，特别是在处理大
型数据集时，加速效果更加明显。

下面是一个并行加载数据集的例子。

```
from torch_geometric.datasets import TUDataset
from torch_geometric.data import DataLoader

#创建一个 PyTorch Geometric 数据集
dataset = TUDataset(root='data/TUDataset', name='ENZYMES')

#使用 DataLoader 并行加载数据集
batch_size = 64
num_workers = 4   #指定要使用的并行工作进程数量
loader = DataLoader(dataset, batch_size=batch_size, shuffle=True,
num_workers=num_workers)

#迭代加载数据
for batch in loader:
    #在这里执行训练循环或其他操作
    pass
```

在上面的示例中，num_workers 参数设置为 4，将使用 4 个并行工作进程来加载数据，并行数
量的多少可以根据计算机的处理能力进行调整。比较大的 num_workers 值通常可以更快地加速数据
加载，但是需要注意，如果这个参数设置得太大，可能会占用太多的系统资源。

3.2.3 如何加载自定义数据集

首先看一下如图 3-1 所示的未加权无向图，它包括 3 个节点和 4 条边。当我们需要加载这个自
定义数据时，由于是无向图，因此该图有 4 条边：(0 -> 1), (1 -> 0), (1 -> 2), (2 -> 1)。每个节点都有
自己的特征。

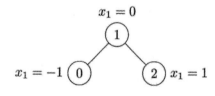

图 3-1 未加权无向图

加载此图的代码如下：

```
import torch
from torch_geometric.data import InMemoryDataset, download_url
```

```python
class MyOwnDataset(InMemoryDataset):
    def __init__(self, root, transform=None, pre_transform=None):
        super().__init__(root, transform, pre_transform)
        self.data, self.slices = torch.load(self.processed_paths[0])

    #返回数据集源文件名
    @property
    def raw_file_names(self):
        return ['some_file_1', 'some_file_2', ...]

    #返回 process 方法所需的保存文件名。之后保存的数据集名字和列表中的一致
    @property
    def processed_file_names(self):
        return ['data.pt']

    #这个函数用于从网上下载数据集,这里不需要下载
    #def download(self):
    #Download to `self.raw_dir`
    #download_url(url, self.raw_dir)
        ...
    #生成数据集所用的方法
    def process(self):
        #Read data into huge `Data` list.
        #Read data into huge `Data` list.
        #这里用于构建 data
        #由于是无向图,有 4 条边: (0 -> 1), (1 -> 0), (1 -> 2), (2 -> 1),第 1 个 list
        #是边的起始点,第 2 个 list 是边的目标节点,即两个 list 分别存储一条边的起点与终点
        Edge_index = torch.tensor([[0, 1, 1, 2],
                                   [1, 0, 2, 1]], dtype=torch.long)

        #每个节点的特征:从 0 号节点开始
        X = torch.tensor([[-1], [0], [1]], dtype=torch.float)
        #每个节点的标签:从 0 号节点开始,两类 0, 1
        Y = torch.tensor([0,1,0],dtye=torch.float)

        data = Data(x=x, edge_index=edge_index, y=Y)
        #放入 datalist
        data_list = [data]

        if self.pre_filter is not None:
            data_list = [data for data in data_list if self.pre_filter(data)]

        if self.pre_transform is not None:
            data_list = [self.pre_transform(data) for data in data_list]
```

```
        data, slices = self.collate(data_list)
        torch.save((data, slices), self.processed_paths[0])
"""测试"""
b = MyOwnDataset("MYdata")

>>>Process
b.data.num_features
>>>1
b.data.num_nodes
>>>3
b.data.num_edges
>>>4
```

3.3　数据集预处理步骤

本节将以 100 种植物种类数据集为例，讲解分类任务的数据预处理流程。

3.3.1　图像数据预处理

我们以 100 种植物种类数据集为例，讲解分类任务的数据预处理流程。scikit-learn（通常简称为 sklearn）是一个用于机器学习和数据挖掘的 Python 库。它建立在 NumPy、SciPy 和 Matplotlib 等科学计算库的基础上，提供了许多用于数据预处理、特征工程、有监督学习、无监督学习和模型评估的工具和算法，我们后续将会使用这个库进行数据预处理操作。

1. 加载数据集

这里用到了上述数据集中的 data_Tex_64.txt，我们可以使用 Pandas 方便地加载数据。

```
import numpy as np
import pandas as pd

#加载数据和标签
#从指定数据集路径加载 CSV 文件
df = pd.read_csv('./100 leaves plant species/data_Tex_64.txt')

#加载特征数据
feature = df.iloc[:, 1:]
#加载标签数据
labels = df.iloc[:, 0]
```

2. 数据归一化

归一化（Normalization）是将数据变化到某个固定区间中，这个区间通常是[0, 1]。广义地讲，可以是各种区间，比如映射到[0,1]后，仍然可以继续映射到其他范围，比如在图像数据集中可能会映射到[0,255]，其他情况还可能映射到[-1,1]。

归一化公式：

$$x^* = \frac{x - x_{\min}}{x_{\max} - x_{\min}}$$

其中，x 为某个特征的原始值，$x_{\min}$ 为该特征在所有样本中的最小值，$x_{\max}$ 为该特征在所有样本中的最大值，x^* 为经过归一化处理后的特征值，其值位于区间 (0, 1)。

对数据进行归一化处理可以消除量纲对最终结果的影响，使不同的特征具有可比性，并使得原本可能分布相差较大的特征对模型具有相同权重的影响。数据归一化还可以在一定程度上提升模型的收敛速度，防止模型梯度爆炸。

sklearn 的子模块 preprocessing 中提供了 MinMaxScaler() 函数来帮助我们轻松地实现数据的归一化操作。

首先需要在上面导入库的基础上，再导入 sklearn 的 preprocessing 模块。

```
from sklearn import preprocessing
```

下面是使用 MinMaxScaler() 函数进行数据归一化和还原的代码：

```
#归一化
min_max_scaler = preprocessing.MinMaxScaler()
new_feature = min_max_scaler.fit_transform(feature)

#归一化还原
feature = min_max_scaler.inverse_transform(new_feature)
```

3. 数据标准化

标准化（Standardization）就是把需要处理的数据经过某种算法后限制在需要的一定范围内。

数据标准化公式：

$$x^* = \frac{x - \mu}{\sigma}$$

其中，x 为某个特征的原始值；μ 为该特征在所有样本中的平均值；σ 为该特征在所有样本中的标准差；x^* 为经过标准化处理后的特征值，其值服从均值为 0、标准差为 1 的正态分布。

数据可能因特征分布相差较大而对模型产生不同效果的影响，经过数据标准化操作后，使得不同特征对模型具有相同权重的影响。

从经验上说，数据经过标准化后，让不同维度之间的特征在数值上有一定比较性，得出的参数值的大小可以反映出不同特征对样本 label 的贡献度，因此大大提高分类器的准确性。在一些实际问题中，我们得到的样本数据都是多个维度的，即一个样本是用多个特征来表征的。比如，在预测房价的问题中，影响房价的因素（即数据的特征）有房子面积、卧室数量等。显然，这些特征的量纲和数值的数量级都是不一样的。在预测房价时，如果直接使用原始的数据值，那么它们对房价预测结果的影响程度将是不一样的。通过标准化处理，可以使不同的特征具有相同的尺度（Scale）。简而言之，当原始数据在不同维度上的特征的尺度（单位）不一致时，需要通过标准化步骤对数据进行预处理。

下面是使用 sklearn 模块 preprocessing 中的 StandardScaler()函数进行数据标准化和还原操作的代码。

```
#标准化
std_scaler = preprocessing.StandardScaler()
new_feature = s_scaler.fit_transform(feature)

#数据还原
feature = std_scaler.inverse_transform(new_feature)
```

4. 标签编码（数字化）

深度学习算法通常要求输入数据是数值型的，然而很多数据集提供的标签信息是文本形式的，这种格式将无法用于模型训练。这时就需要将标签转换为数值形式，以便在深度学习模型中使用这些数据。

如图 3-2 所示，文件夹的名称就是部分数据的标签，这将会在第一步的加载数据操作中被提取到 labels 中，我们后续就可以对 labels 进行标签编码操作。

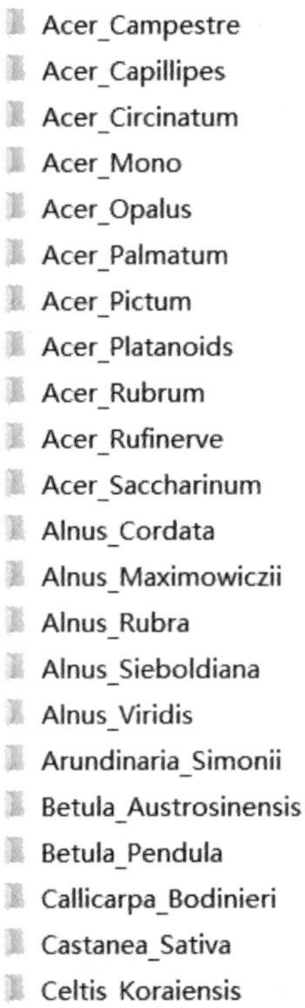

图 3-2　文件夹的名称

和前面的数据处理步骤一样，sklearn 也给我们提供了相应的函数来编码标签，就是上述 preprocessing 中的 LabelEncoder()函数。

下面是使用 LabelEncoder 模块进行标签编码操作的代码。

```
#标签编码
Lenc = preprocessing.LabelEncoder()
```

```
new_labels =lenc.fit_transform(labels).astype(np.int64)

#标签编码还原
labels = le.inverse_transform(new_labels)
```

5. one-hot 编码

one-hot 编码是一种将分类变量转换为二进制向量的方法。对于每个不同的类别值，都会创建一个二进制特征（或列），并且只有一个特征的值为 1，其余为 0。这种编码方式可以保留类别之间的无序关系，不引入任何数值偏差，让特征之间的距离计算更加合理。

假设我们有一个颜色的分类特征，包含三个不同的颜色：红、绿和蓝。使用 one-hot 编码后，得到三个新的二进制特征，例如：

- 红色: [1, 0, 0]。
- 绿色: [0, 1, 0]。
- 蓝色: [0, 0, 1]。

如果分类特征有很多不同的类别，使用 one-hot 编码可能会得到非常大的特征矩阵，增加模型的复杂性和训练时间。在这种情况下，要谨慎使用 one-hot 编码或者考虑使用诸如嵌入（Embedding）等技术来降低维度。

具体的 one-hot 编码转换如下：

```
#one-hot 编码
#由于 labels 是一维的，因此每个元素需要加[]变成二维的，并转置成列向量
new_labels = np.array([labels]).T
enc = preprocessing.OneHotEncoder()
new_labels = enc.fit_transform(new_labels).toarray()

#one-hot 编码还原
labels = enc.inverse_transform(new_labels)
```

6. 特征二值化

特征的二值化处理是将数值型数据输出为布尔类型。其核心在于设定一个阈值，当样本数据大于该阈值时，输出为 1，小于或等于该阈值时输出为 0。

二值化公式：

$$x^* = \begin{cases} 1, x > \text{threshold} \\ 0, x \leqslant \text{threshold} \end{cases}$$

通常使用 preproccessing 库的 Binarizer 类对数据进行二值化处理。

```
#特征二值化
binarizer = preproccessing.Binarizer(threshold=0.2)
new_feature = binarizer.transform(feature)
```

7. 划分数据集

在深度学习中，划分数据集的主要目的是用于训练、验证和测试模型，以便评估模型的性能、泛化能力和可靠性。划分数据集的一部分（即训练集）用于训练深度学习模型。在训练过程中，模型通过学习数据集中的模式和特征来提高性能。划分数据集的另一部分（即验证集）用于验证模型的性能。这部分数据不参与训练，但被用来调整模型的超参数（例如学习率、网络架构等）以及监测模型的训练进度，这有助于避免过拟合（即模型在训练数据上表现良好，但在新数据上表现较差），通常在模型训练中这是一个可选的划分。剩余的数据通常被保留用于最终评估模型的性能，测试数据集是模型从未见过的数据，它可以用来估计模型在实际应用中的性能，这有助于确定模型的泛化能力。需要注意的是，训练集、验证集和测试集需要进行一致的数据预处理操作。

在基于 Python 的机器学习中，常用 train_test_split()函数划分训练集和测试集，其用法如下：

```
X_train, X_test, y_train, y_test = train_test_split(train_data, train_target,
test_size, random_state, shuffle)
```

其中，X_train、X_test 分别表示划分的训练集和测试集数据，y_train、y_test 分别表示划分的训练集和测试集标签。

有关函数的参数部分，train_data 表示待划分的数据集；train_target 表示待划分的标签；test_size 表示分割比例，默认为 0.25，即测试集占完整数据集的比例；random_state 表示随机数种子，应用于分割前对数据的洗牌（打乱），可以是 int、RandomState 实例或 None，默认值为 None，其设成定值意味着：对于同一个数据集，只有第一次运行是随机的，随后多次分割只要 random_state 相同，则划分结果也相同；shuffle 表示是否在分割前对完整数据进行洗牌，默认为 True，即打乱。

下面是一段划分训练集和测试集的代码，我们将 30%的数据划分为测试集，其他数据用于训练集。

```
#导入所需要的函数
from sklearn.model_selection import train_test_split

#划分数据集为训练集和测试集
X_train,X_test,y_train,y_test=train_test_split(feature,labels,test_size=0.3,ran
dom_state=0)
```

8. 如何处理数据集中的缺失值

在处理真实世界的数据集时，缺失值是很常见的，比如 UCI 数据集中的 Adult 数据集、Annealing 数据集、Lung-Cancer 数据集等都存在个别数据缺失。在现实中，缺失值可以分为以下三类。

1）完全随机缺失的数据（MCAR）

完全随机缺失的数据，即缺失是独立于数据的。这种类型的数据缺失没有可识别的模式。这意味着我们无法预测数值的缺失是不是由特定情况造成的，它们只是完全随机地缺失。

2）随机缺失的数据（MAR）

这些类型的数据是随机缺失的，但不是完全缺失。数据的缺失性是由我们观察到的数据决定的。例如，我们设计了一个智能手表，它可以每小时跟踪人们的心率。然后把手表分发给一群人佩戴，这样就可以收集数据进行分析。收集完数据后，我们可能会发现有些数据丢失了，这是由于有些人不愿意在晚上戴上这块手表，所以收集不到这些人的夜间心率情况。因此，我们可以得出结论，缺失是由观察到的数据造成的。

3）非随机缺失的数据（NMAR）

非随机缺失的数据，也被称为可忽略的数据。换句话说，缺失数据的缺失性是由感兴趣的变量决定的。

例如，在一项调查中，当人们被问及他们拥有多少辆汽车时，一些人可能不愿意透露具体的情况，从而导致数据缺失。

这样存在缺失的数据通常无法直接用于深度学习的模型训练，我们需要对缺失值进行处理才能用于训练。

对于缺失值的处理，通常有两种方法，一是直接删除含有缺失值的样本；二是用数据填充，比如用均值、中位数、众数等填充，也可以用指定的值填充。至于是直接删除缺失样本数据的效果好，还是填充数据的效果好，没有具体定论，因为这些处理方法对于不同的数据效果是不一样的，所以实际操作过程中可以都进行尝试，尽量找到最优的效果。

不过，需要强调的是，当训练集样本本身较少，而缺失值又相对较多的时候，不建议直接丢掉含有缺失值的样本，这会使训练集样本更少，导致模型训练时学习到的东西也就更少。另外，测试集上的缺失值不能采用直接删除的方法，因为每一个样本都是需要预测的样本，不能把它删除。

可以使用 sklearn 库中的 SimpleImputer 进行填充：

```
calss SimpleImputer (missing_values=nan,strategy='mean',fill_value=None,
verbose=0, copy=True, add_indicator=False)
```

我们需要了解 SimpleImputer 类的以下三个参数。

- missing_values：表示要被填充的值是什么，等于 nan 表示填充空值，也可以设为其他值。比如，想把为 0 的值填充为其他值，就设 missing_values = 0。
- Strategy：表示用什么值填充，可选'mean'均值、'median'中位数、'most_frequent'众数、'constant'。当为'constant'时，表示用 fill_value 的值来填充。
- fill_value：当设 strategy = 'constant'时，需要设置 fill_value 的值。比如 fill_value = 0，表示用 0 来填充。

```
from sklearn.impute import SimpleImputer
import numpy as np

#创建一个包含缺失值的示例数据
data = np.array([[1, 2, np.nan],
                [4, np.nan, 6],
                [7, 8, 9]])

#创建一个 SimpleImputer 对象，使用均值填充缺失值
imputer = SimpleImputer(strategy='mean')

#使用 fit_transform 方法填充缺失值
```

```
filled_data = imputer.fit_transform(data)
print(filled_data)
```

还可以使用 KNNImputer，这个函数使用 K 最近邻算法来填充缺失值：

```
from sklearn.impute import KNNImputer
import numpy as np

#创建一个包含缺失值的示例数据
data = np.array([[1, 2, np.nan],
                 [4, np.nan, 6],
                 [7, 8, 9]])

#创建一个 KNNImputer 对象，指定 k 值（最近邻居数）
imputer = KNNImputer(n_neighbors=2)

#使用 fit_transform 方法填充缺失值
filled_data = imputer.fit_transform(data)
print(filled_data)
```

9. 如何处理数据集中的连续值

一般来说，离散型数据都是类别值。例如，性别分为男生、女生，高铁票分为商务座、一等座、二等座等。连续型数据基本上都是数值型数据，如年龄（10 岁、11 岁等）、身高（110cm、175cm 等）、海拔、薪资等。那么连续型数据该如何处理？

一个很直观的想法就是给这些连续值"分类"，即连续型数据离散化，对连续型数据进行分组处理。假如一个班的学生身高在 150cm~185cm，那么我们可以将身高数据划分为几组，如 [150cm~160cm，161cm~170cm，171cm~180cm，181cm~185cm]，同时可以给每个组贴一个标签[稍矮，矮，高，非常高]，这样就完成了对身高这个连续值的离散化。

可以使用 Pandas 库的 cut 函数来实现这一目标。假设我们有一个包含连续型数据的 DataFrame，列名为"连续数据"。

```
import pandas as pd

#创建一个示例 DataFrame
data = {'连续数据': [10, 25, 30, 45, 55, 70, 80, 95, 100]}
df = pd.DataFrame(data)

#定义分箱的边界
bins = [0, 20, 40, 60, 80, 100]

#使用 cut 函数进行离散化
df['离散化数据'] = pd.cut(df['连续数据'], bins=bins)

#打印结果
print(df)
```

上面的代码会将"连续数据"列中的数据分成 5 个离散的区间，然后根据定义的 bins 值在新的
"离散化数据"列中存储这些区间。

如果想要给每个区间命名标签，可以在 cut 函数中使用 labels 参数，如下所示：

```
labels = ['很低', '低', '中', '高', '很高']
df['离散化数据'] = pd.cut(df['连续数据'], bins=bins, labels=labels)

#打印结果
print(df)
```

10. 其他的数据增强方法

1）翻转

当数据较少时，可以使用翻转（Flip）来生成新的训练样本，通常使用图像处理库（如 OpenCV、
PIL 等）来实现翻转操作。下面是一个示例，使用 Python 和 OpenCV 来水平翻转以进行数据增强：

```
import cv2
import numpy as np

#读取原始图像，假设我们有 original_image.jpg 图像
original_image = cv2.imread('original_image.jpg')

#随机决定是否进行水平翻转
if np.random.rand() > 0.5:
    flipped_image = cv2.flip(original_image, 1)   #0 表示绕 x 轴翻转，正值（例如 1）表示绕
y 轴翻转，负值（例如-1）表示围绕两个轴翻转
else:
    flipped_image = original_image

#可以在这里保存翻转后的图像或者用于训练
cv2.imwrite('flipped_image.jpg', flipped_image)
```

2）旋转

旋转（Rotation）是一种常用的数据增强技术，特别是在图像处理领域。通过旋转图像可以生成
新的训练样本，以增加模型的鲁棒性和性能。

```
import cv2
import numpy as np

#加载图像
image = cv2.imread('image.jpg')

#定义旋转角度范围（例如，-30 度到 30 度的随机旋转）
angle = np.random.randint(-30, 31)

#获取图像的高度和宽度
height, width = image.shape[:2]
```

```
#计算旋转中心
center = (width // 2, height // 2)

#定义旋转矩阵
rotation_matrix = cv2.getRotationMatrix2D(center, angle, 1.0)

#应用旋转变换
rotated_image = cv2.warpAffine(image, rotation_matrix, (width, height))

#保存增强后的图像
cv2.imwrite('rotated_image.jpg', rotated_image)
```

3）平移 shift

平移（Shift）操作就是将图像中的像素沿着水平和垂直方向移动一定的距离，这种方法可以用于创建训练集的多样性。以下是一个使用 Python 和 OpenCV 库来平移图像以进行数据增强的示例：

```
import cv2
import numpy as np

#读取原始图像
image = cv2.imread('original_image.jpg')

#定义平移距离，可以根据需要进行调整
shift_x = 20   #水平方向的平移像素数
shift_y = 10   #垂直方向的平移像素数

#构建平移矩阵
translation_matrix = np.float32([[1, 0, shift_x], [0, 1, shift_y]])

#应用平移变换
shifted_image = cv2.warpAffine(image, translation_matrix, (image.shape[1],
image.shape[0]))

#显示原始图像和平移后的图像
cv2.imshow('Original Image', image)
cv2.imshow('Shifted Image', shifted_image)
cv2.waitKey(0)
cv2.destroyAllWindows()
```

4）缩放

当我们想要对图像进行数据增强时，可以使用缩放（Resize），这是一种常见的方法。下面是一个示例，演示如何使用 Python 的 PIL 库来缩放图像以进行数据增强：

```
from PIL import Image
#打开原始图像
original_image = Image.open('original_image.jpg')
```

```
#定义要缩放的大小（以像素为单位）
new_width = 300        #新的宽度
new_height = 200       #新的高度

#使用 resize 方法进行缩放
resized_image = original_image.resize((new_width, new_height))

#保存缩放后的图像
resized_image.save('resized_image.jpg')

#显示缩放后的图像（可选）
resized_image.show()

#关闭原始图像
original_image.close()
```

5）随机裁剪或补零

我们也可以使用随机裁剪或补零（Random Crop or Pad）的方法来进行数据增强。"补零"指的是在处理数据时，在数据的某些部分添加零值或空值以增加数据的多样性和数量。在图像处理中，补零通常指的是在图像的边界或某些区域添加零像素或其他填充像素，以改变图像的大小或纵横比，适应模型的输入要求。

下面是一个简单的示例，演示如何使用 PIL 库来执行这些操作：

```
from PIL import Image
import random

#打开原始图像
original_image = Image.open('original_image.jpg')

#定义目标尺寸（假设为200×200）
target_width = 200
target_height = 200

#获取原始图像的宽度和高度
original_width, original_height = original_image.size

#计算裁剪或补零的左上角坐标
x = random.randint(0, max(0, original_width - target_width))
y = random.randint(0, max(0, original_height - target_height))

#创建一个新的图像对象来存储裁剪或补零后的图像
new_image = Image.new('RGB', (target_width, target_height))

#裁剪或补零操作
if x > 0 or y > 0:
```

```
#如果需要补零
    new_image.paste(original_image.crop((x, y, x + target_width, y +
target_height)))
else:
    #如果不需要补零，则直接裁剪
    new_image.paste(original_image, (-x, -y))

#保存结果图像
new_image.save('augmented_image.jpg')

#关闭原始图像
original_image.close()
```

3.3.2　图数据预处理

1. 图数据归一化

与图像数据归一化（Normalization）一样，图数据归一化就是将图中的节点特征进行归一化，使其有零均值和单位方差。当特征分布过于分散或者范围差异很大时，归一化可以提高训练的稳定性和性能。

torch_geometric.transforms.NormalizeFeatures()是 torch_geometric 库提供的数据转换方法，主要用于归一化图数据的节点特征。我们以 Cora 数据集为例，具体的归一化代码如下所示：

```
import torch_geometric.transforms as T
from torch_geometric.datasets import Planetoid

#加载 Cora 数据集作为示例
dataset = Planetoid(root='/tmp/Cora', name='Cora')


transform = T.NormalizeFeatures()
dataset = dataset.map(transform)
```

2. 图数据标准化

与图像数据标准化一样，图数据标准化也是把需要处理的数据通过某种算法限制在一定范围内。通常情况下，将节点特征归一化到[0, 1]或[-1, 1]范围内，以便更好地训练机器学习模型。

在图数据处理中，常用 torch_geometric.transforms.NormalizeScale()函数进行标准化操作，它是 PyTorch Geometric 中的一个数据变换函数。

以下是使用 torch_geometric.transforms.NormalizeScale()函数来对 Cora 数据集进行标准化的代码：

```
import torch
from torch_geometric.datasets import Planetoid
from torch_geometric.transforms import NormalizeScale

#加载 Cora 数据集
dataset = Planetoid(root='data/Cora', name='Cora')
```

```
#初始化 NormalizeScale 对象
normalize_scale = NormalizeScale()

#对每个图数据进行标准化操作
for data in dataset:
    data = normalize_scale(data)
```

3. 图数据集划分

在神经网络训练过程中，我们通常需要将数据集划分为训练集、验证集和测试集，以评估模型的性能和进行有效的模型参数选择和调优，并确保模型能够在未见过的数据上表现良好，即防止过拟合。

1）内置数据集的划分方法

在 PyTorch Geometric 中，在使用内置数据集时，可以很方便地使用自带的划分方法进行训练集、验证集和测试集的划分，分别是 train_mask、val_mask、test_mask。

（1）train_mask 通常是一个布尔型的张量，其长度与图中节点的数量相同，用于指示哪些节点在训练过程中被用作训练样本。每个节点在 train_mask 中对应的位置上的值为 True 表示该节点被用于训练，而值为 False 表示该节点不被用于训练。

（2）val_mask 是用于验证（Validation）的一个布尔型张量，用于指示哪些节点在验证过程中被用作验证样本。在训练中，我们可以使用 val_mask 来选择用于验证的节点，与 train_mask 一样，每个节点在 val_mask 中对应的位置上的值为 True 表示该节点被用于验证，而值为 False 表示该节点不被用于验证。

（3）test_mask 也是一个布尔型张量，用于掩码测试数据，用于在训练图神经网络时，将一部分数据标记为测试数据，以便在训练过程中对模型进行评估。与 train_mask 和 val_mask 相同，每个节点的对应位置上的布尔值表示该节点是否划分为测试数据。

以 Cora 数据集为例，把图数据集划分训练集、验证集和测试集的代码如下：

```
from torch_geometric.datasets import Planetoid
import torch

#下载并保存预处理的数据集
dataset_cora = Planetoid(root='./cora/', name='Cora')

#获取 device
device = torch.device('cuda' if torch.cuda.is_available() else 'cpu')
print(device)

#提取 data, 并转换为 device 格式
data_cora = dataset_cora[0].to(device)

#提取训练、验证和测试集的 mask
train_mask = data_cora.train_mask
val_mask = data_cora.val_mask
```

```
test_mask = data_cora.test_mask

#打印训练、验证和测试集的数量
print(train_mask.sum().item())
print(val_mask.sum().item())
print(test_mask.sum().item())
```

2）非内置数据集的划分方法

当我们使用非内置数据集或需要根据自己的需求划分数据集时，我们就需要输入自己划分的 mask。

以 train_mask 为例，首先创建一个数据集：

```
import torch
from torch_geometric.data import Data

#构建示例图数据
edge_index = torch.tensor([[0, 1, 1, 2], [1, 0, 2, 1]], dtype=torch.long)
x = torch.tensor([[1], [2], [3]], dtype=torch.float)

data = Data(x=x, edge_index=edge_index)
```

然后，创建一个 train_mask 张量，标识哪些节点将用于训练。其中，train_mask 中的标记值为 True 的节点将被视为训练节点，而标记值为 False 的节点将被视为验证或测试节点。

如下面的代码所示，我们将创建一个自定义的 train_mask 张量：

```
train_mask = torch.tensor([Tmp, True, False], dtype=torch.bool)
#打印训练集的数量
print(train_mask.sum().item())
```

4. transforms 数据增强

transforms 在计算机视觉领域是一种很常见的数据增强，PyTorch Geometric 有着自己的 transforms，其输入和输出都是 Data 类型。

我们以 ShapeNet 数据集为例，这个数据集包含 17 000 个 point clouds，16 个类别。我们首先使用 transforms 从 point clouds 生成最近邻图：

```
import torch_geometric.transforms as T
from torch_geometric.datasets import ShapeNet

dataset = ShapeNet(root='/tmp/ShapeNet', categories=['Airplane'],
                pre_transform=T.KNNGraph(k=6))
#dataset[0]: Data(edge_index=[2, 15108], pos=[2518, 3], y=[2518])
```

然后通过 transforms 在一定范围内随机平移每个点，增加坐标上的扰动，这样可以进一步丰富数据的多样性与差异性，以对数据进行增强：

```
import torch_geometric.transforms as T
from torch_geometric.datasets import ShapeNet

dataset = ShapeNet(root='/tmp/ShapeNet', categories=['Airplane'],
                pre_transform=T.KNNGraph(k=6),
                transform=T.RandomTranslate(0.01))
#dataset[0]: Data(edge_index=[2, 15108], pos=[2518, 3], y=[2518])
```

第4章

图神经网络模型

图神经网络（GNN）是一种专门用于处理图结构数据的深度学习模型。图神经网络最早源于对图论和神经网络两个领域的深入研究。2008 年，图神经网络的概念首次被 Franco Scarselli 等提出。GNN 的创新在于它扩展了现有的神经网络方法来处理图域中表示的数据，即这个 GNN 模型可以直接处理大多数实际有用的图类型，例如无环图、循环图、有向图和无向图等。自此以后，图神经网络领域经历了飞速发展，涌现出各种新模型和技术，进一步推动了研究的进展。

同时，随着图神经网络领域的新模型和技术的不断涌现，这些模型和技术丰富了图神经网络的工具库。以下是一些重要的模型和技术。

- 使用卷积神经网络的模型：图卷积神经网络（GCN）是一种经典的模型，它通过卷积操作在图结构上传播信息，用于节点分类和图表征学习。
- 基于自注意力机制的模型：图注意力网络（Graph Attention Network，GAT）是一个代表性的模型，它引入了注意力机制，使得模型能够动态地为不同节点分配不同的注意力权重，从而更好地捕捉节点之间的关系和重要性。
- 图生成网络：图生成网络是一种强大的模型，用于图的同构性学习。图生成模型可以用于图分类、图生成和图编辑等任务，它通过学习图的表示来捕捉图之间的相似性和差异性。
- 图自编码器：图自编码器（Graph Auto-Encoder，GAE）是一种无监督学习模型，用于将图数据编码为低维表示并重构原始图数据。这种模型在图数据的表示学习和降维中发挥关键作用。

这些模型和技术的不断涌现推动了图神经网络领域的研究和发展。研究人员正在不断改进这些模型，以解决越来越复杂的图数据分析问题，如社交网络分析、生物信息学、自然语言处理和推荐系统等，内容包括：

- 图卷积神经网络
- 图注意力网络

- 图自编码器
- 图生成网络

4.1 图卷积神经网络

4.1.1 图卷积神经网络的起源和发展

图卷积神经网络（GCN）已经在处理图结构数据方面取得了巨大的成功。在本小节中，我们将深入探讨图卷积神经网络的起源、发展历程，并提供一个简单的 Python 代码实现示例，以帮助读者更好地理解这一概念。

图卷积神经网络最早由 Thomas Kipf 和 Max Welling 于 2017 年提出，它填补了神经网络在处理图数据方面的空白。在此之前，神经网络主要用于处理结构化数据，如图像和文本，但并不适用于非常普遍的图数据（如社交网络、推荐系统、生物信息学中的分子结构等）。图卷积神经网络的提出标志着神经网络在图数据领域的重大突破。

图卷积神经网络的核心思想是借鉴传统图信号处理中的卷积操作。它使用图的邻接矩阵来定义卷积运算，类似于卷积神经网络中的卷积核。通过迭代地聚合每个节点的邻居信息，图卷积神经网络可以学习到每个节点的表示，同时保留了图的拓扑结构。这种能力使得图卷积神经网络非常适合解决节点分类、链接预测、社交网络分析等任务。

图卷积神经网络的提出激发了对图神经网络的广泛研究，推动了各种图神经网络模型的涌现，如 GraphSAGE、GAT 等。这些模型在不同领域的应用中取得了卓越的成就，并且加速了图数据领域的发展。

当我们讨论图卷积神经网络时，很自然地会与卷积神经网络进行比较。两者都是深度学习模型，但分别适用于不同类型的数据。在下一小节中，我们将深入探讨图卷积神经网络和卷积神经网络的异同，并提供代码示例，以便更好地理解它们之间的区别和联系。

4.1.2 图卷积神经网络与卷积神经网络的异同

1. 数据类型

图卷积神经网络：主要用于处理图结构数据，例如社交网络、知识图谱和分子结构等。图数据由节点和边构成，每个节点可以具有不同的特征。

卷积神经网络：主要用于处理网格结构数据，例如图像和视频。图像数据由像素组成，通常是二维或三维网格，每个像素具有通道信息。

2. 卷积操作

图卷积神经网络的卷积操作基于邻接矩阵，通过聚合节点的邻居信息来更新每个节点的表示。图卷积神经网络的卷积是一种非常适合处理不规则图数据的操作。

卷积神经网络的卷积操作是在固定大小的局部感受野上滑动，通过卷积核与局部区域的点积来提取特征。卷积神经网络适用于规则网格数据，如图像。

3. 应用领域

图卷积神经网络广泛应用于社交网络分析、推荐系统、生物信息学、知识图谱构建等领域，其中数据通常以图的形式存在，节点之间的关系很重要。

卷积神经网络主要用于图像处理任务，如图像分类、目标检测、图像生成等。它在保持图像的局部和全局信息方面非常有效。

4.1.3　图卷积神经网络简单代码实现

为了更好地理解图卷积神经网络的工作原理，我们将提供一个简单的 Python 代码实现示例。在这个示例中，我们将创建一个具有 4 个节点的小型图，并使用 PyTorch 库实现一个简单的图卷积神经网络模型，然后执行前向传播。在这之前，请确保你的环境中已经安装了所需的库：NumPy、Matplotlib、Pandas 和 PyTorch。

首先，我们定义了一个小型图的邻接矩阵和节点特征。这是一个简化的示例，实际应用中的图通常更大、更复杂。

```
import numpy as np
import torch
import torch.nn as nn
import torch.nn.functional as F
import matplotlib.pyplot as plt
adjacency_matrix = np. array([ [0, 1, 0, 0] , [1, 0, 1, 0], [0, 1, 0, 1], [0, 0,
1, 0] ], dtype=np. float32)
features = np. array([ [0.0] ,[2. 0], [3.0] , dtype=np. float32)
adjacency_matrix = torch. FloatTensor(adjacency_matrix)
features = torch. FloatTensor(features)
```

接下来，我们定义了一个简单的 GCN 层，该层将邻接矩阵和节点特征作为输入，并执行图卷积神经网络卷积操作。

```
class GraphConvLayer(nn. Module) :
   def __init__(self, input_dim, output_dim) :
      super(GraphConvLayer, self ). __init__()
      self. linear = nn. Linear(input_dim, output_dim)
   def forward(self, adjacency_matrix, features) :
      support = torch. mm(adjacency_matrix, features)
      output = self. linear(support)
      return output
```

然后，我们定义了一个包含两个 GCN 层的图卷积神经网络模型，并在前向传播中应用这些层。

```
class GCN(nn.Module):
   def __init__(self, input_dim, hidden_dim, output_dim):
      super(GCN, self).__init__()
      self.conv1 = GraphConvLayer(input_dim, hidden_dim)
      self.conv2 = GraphConvLayer(hidden_dim, output_dim)
   def forward(self, adjacency_matrix, features):
```

```
    h1 = F.relu(self.conv1(adjacency_matrix, features))
    h2 = self.conv2(adjacency_matrix, h1)
    return h2
```

现在，我们可以创建一个图卷积神经网络模型，并在小型图数据上执行前向传播。

```
input_dim = features. shape [1]
hidden_dim = 16
output_dim = 2
model = GCN(input_dim, hidden_dim, output_dim)
output = model(adjacency_matrix, features)
print("GCN 输出结果 ")
print(output)
```

代码运行结果如下：

```
GCN 输出结果
tensor([[ 0.3773, -0.8044],
        [ 1.3600, -1.9764],
        [ 0.8162, -1.4962],
        [ 1.2149, -1.5401]], grad_fn=<AddmmBackward0>)
```

最后，我们使用 Matplotlib 库绘制 GCN 模型的图形表示，以可视化节点的表示结果。

```
plt.imshow(output.detach().numpy)
plt.colorbar()
plt.show()
```

代码运行结果如图 4-1 所示。

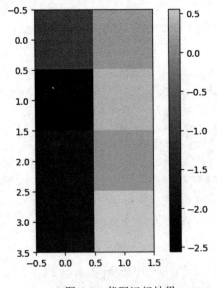

图 4-1　代码运行结果

这个代码示例演示了如何构建一个简单的图卷积神经网络模型，并在一个小型图数据上执行前向传播。请注意，这只是一个基础示例，实际应用中的图数据通常更大且更复杂。在实际应用中，你可能需要考虑更多的正则化策略。

4.1.4　卷积神经网络简单代码示例

```
import torch
import torch.nn as nn
import torch.optim_as optim
import numpy as np

np.random.seed(42)
X = np.random.rand(100,1,28,28)
Y = np.random.randint(0,10,size=(100,)).astype(np.int64)

X_tensor = torch.from_numpy(X)
Y_tensor = torch.from_numpy(Y)
```

这段代码的主要目的是生成一个包含 100 个随机图像和对应随机标签的数据集，并将这些数据集转换为 PyTorch 张量的形式，以便后续在 PyTorch 中进行深度学习模型的训练和分析。这种数据准备是深度学习项目中的一项基本步骤，用于构建训练和测试数据集。

```
class SimpleCNN(nn.Module):
    def __init__(self):
        super(SimpleCNN,self).__init__()
        self.conv1 = nn.Conv2d(1,32,3)
        self.fc1 = nn.Linear(32*26*26,128)
        self.fc2 = nn.Linear(128,10)
    def forward(self,x):
        x = torch.relu(self.conv1(x))
        x = x.view(x.size(0),-1)
        x = torch.relu(self.fc1(x))
        x = self.fc2(x)
        return x
model = SimpleCNN()
criterion = nn.CrossEntropyLoss()
optimizer = optim.Adam(model.parameters(),lr=0.001)
```

这段代码定义了一个简单的卷积神经网络（CNN）模型，用于图像分类任务。该模型包括一个卷积层、两个全连接层以及相应的激活函数。接着，创建了卷积神经网络模型的实例。损失函数选用了交叉熵损失函数，用于多类别分类问题，优化器选用了 Adam。这段代码为建立、初始化并准备训练一个简单的图像分类卷积神经网络模型提供了基本结构。

```
#训练模型
num_epochs = 10
batch_size = 10
for epoch in range(num_epochs):
    for i in range(0, len(X_tensor), batch_size):
        inputs = X_tensor [i: i+batch_size]
```

```
        labels =Y_tensor [i: i+batch_size]
        optimizer. zero_grad()
        outputs = model(inputs)
        loss=criterion(outputs, labels)
        loss. backward()
        optimizer. step()
    print(f' Epoch [epoch + 1}/{num_epochs}], Loss: {loss.item():.4f}')
print('训练完成')
```

这段代码实现了一个深度学习模型的训练循环。通过迭代多个训练轮次（num_epochs），每轮内将数据分成小批次（batch_size）进行训练。在每个批次内，模型计算预测值并与真实标签比较，通过反向传播算法来更新模型权重以减小损失。这个过程不断迭代，直到完成所有轮次。最终输出训练完成的信息。这是典型的深度学习训练循环，用于优化模型以进行分类等任务。

```
Epoch [1/10], Loss: 3.3609
Epoch [2/10], Loss: 2.5557
Epoch [3/10], Loss: 1.9135
Epoch [4/10], Loss: 1.0391
Epoch [5/10], Loss: 0.6386
Epoch [6/10], Loss: 0.1683
Epoch [7/10], Loss: 0.0798
Epoch [8/10], Loss: 0.0330
Epoch [9/10], Loss: 0.0211
Epoch [10/10], Loss: 0.0157
训练完成
```

4.1.3 节和本小节分别展示了图卷积神经网络和卷积神经网络的代码实现。请注意以下几点差异：

在图卷积神经网络示例中，我们使用了邻接矩阵和节点特征来定义 GCN 层，这是处理图数据的关键。而卷积神经网络示例中，我们使用卷积层和池化层来处理图像数据。

图卷积神经网络执行的是节点级别的卷积操作，用于学习每个节点的表示。卷积神经网络执行的是像素级别的卷积操作，用于提取图像的特征。

在卷积神经网络示例中，我们使用了卷积核和池化层，以便捕捉图像中的局部信息。

总之，图卷积神经网络和卷积神经网络分别适用于不同类型的数据，图卷积神经网络用于图数据，卷积神经网络可以用于图像数据。它们在卷积操作和数据处理方面存在显著差异，因此需要根据具体的任务和数据类型选择合适的模型。这两者都是深度学习中重要的工具，已在各自的领域中取得了显著的成功。

4.1.5　图卷积神经网络的应用领域

通过本章的学习，我们能更好地理解图卷积神经网络的基本原理和实现方式，以及如何在 Python 中使用 PyTorch 库构建图卷积神经网络模型。

图卷积神经网络和其他图神经网络模型已经在多个应用领域取得了显著的成功，包括社交网络分析、推荐系统、生物信息学、计算机视觉、自然语言处理、医疗保健、物理科学和遥感科学等。图卷积神经网络日益成为一个重要且强大的工具，可用于解决多种复杂的图数据问题。

4.2　图注意力网络

4.2.1　图注意力网络的由来和发展

图注意力网络（GAT）是一种图神经网络（GNN）模型，最早由 Petar Velickovic 等在 2017 年提出。它的设计灵感来自自然语言处理领域中的注意力机制，旨在处理图数据时引入注意力机制，以便更好地捕捉节点之间的关系和信息。

注意力机制最初用于自然语言处理中的机器翻译任务，是由 Bahdanau 等在 2014 年提出的。这一机制允许模型在生成目标语言的每个单词时，根据源语言句子中的不同部分动态地分配注意力权重。图卷积神经网络借鉴了这个思想，将其应用于图数据中的节点和邻居节点。

图卷积神经网络的关键思想是：为每个节点动态计算邻居节点的注意力权重，并使用这些权重对邻居节点的特征进行加权求和，从而生成节点的表示。这允许节点有选择性地关注与其相关性较高的邻居节点，使模型能够更好地学习节点之间的关系。

4.2.2　图注意力网络模型代码实现

以下是一个简单的 Python 代码示例，演示了如何使用 PyTorch 实现一个基本的图注意力网络模型。请注意，在实际应用中，你可能需要使用更复杂的图注意力网络变体，例如多头图注意力网络，以获得更好的性能。

我们新引入了一个 torch_geometric 库，这是一个用于图神经网络的 PyTorch 扩展库，专门用于处理和分析图数据。它提供了许多功能和工具，使得在图结构数据上进行深度学习任务更加方便和高效。

使用这个库需要提前安装，安装命令如下：

```
pip install torch_geometric
```

图注意力网络模型代码如下：

```python
import torch
import torch.nn as nn
import torch. optim as optim
import torch. nn. functional as F
from torch_geometric.datasets import KarateClub
from torch_geometric. data import DataLoader
from torch_geometric. nn import GATConv

#创建一个图注意力网络的类
class GATNetwork(nn. Module):
    def __init__(self, num_features, num_classes, num_heads):
        super(GATNetwork, self).__init__()
        self.conv1= GATConv(num_features, 8, heads=num_heads)
        self.conv2 = GATConv(8 * num_heads, num_classes, dropout=0.6)
    def forward(self, data):
```

```python
        x, edge_index=data.x, data. edge_index
        x= F.relu(self.conv1(x, edge_index))
        x = F. dropout(x, training-self. training)
        x = self. conv2(x, edge_index)
        return F. log_softmax(x, dim=1)
#创建训练函数
def train(model, train_loader, optimizer, device):
    model. train()
    loss_all= 0
    for data in train_loader:
        data = data. to(device)
        optimizer. zero_grad()
        output=model(data)
        loss = F. nll_loss(output, data.y)
        loss. backward()
        loss_all += loss.item()
        optimizer. step()
    return loss_all/ len(train_loader)
#创建测试函数
def test(model, test_loader, device):
    model. eval()
    correct=0
    for data in test_loader:
        data=data. to(device)
        output = model(data)
        pred=output. max(dim=1) [1]
        correct += pred. eq(data. y). sum().item()
    return correct/len(test_loader.dataset)
```

这段代码实现了一个基于图神经网络的图分类模型，并提供了训练和测试函数，可以用于学习和评估图数据集上的分类任务。这种类型的模型在图数据分析和节点分类等领域应用广泛。

```python
#超参数设置
num_epochs = 200
lr = 0.005
num_heads = 8
#加载数据集
dataset = KarateClub()
data = dataset [0]
#创建数据加载器
loader = DataLoader(dataset, batch_size=1, shuffle=True)

#初始化模型和优化器
model = GATNetwork(dataset. num_features, dataset. num_classes, num_heads)
device = torch. device('cuda' if torch. cuda. is_available() else 'cpu')
model = model. to(device)
optimizer=optim. Adam(model. parameters(), lr=lr)
```

```
#训练和测试模型
for epoch in range(1, num_epochs + 1):
    loss = train(model, loader, optimizer, device)
    acc=test(model, loader, device)
    if epoch%20== 0:
        print(f' Epoch: epoch), Loss: loss:.4f), Accuracy: [acc:.4f}')

print("Training finished. ")
```

上述代码主要用于初始化模型、设置优化器、设置超参数和进行多轮训练。

代码运行结果如下：

```
Epoch: epoch), Loss: loss:.4f), Accuracy: [acc:.4f]
Epoch: epoch), Loss: loss:.4f), Accuracy: [acc:.4f]
Epoch: epoch), Loss: loss:.4f), Accuracy: [acc:.4f]
Epoch: epoch), Loss: loss:.4f), Accuracy: [acc:.4f]
Epoch: epoch), Loss: loss:.4f), Accuracy: [acc:.4f]
Epoch: epoch), Loss: loss:.4f), Accuracy: [acc:.4f]
Epoch: epoch), Loss: loss:.4f), Accuracy: [acc:.4f]
Epoch: epoch), Loss: loss:.4f), Accuracy: [acc:.4f]
Epoch: epoch), Loss: loss:.4f), Accuracy: [acc:.4f]
Epoch: epoch), Loss: loss:.4f), Accuracy: [acc:.4f]
Training finished.
```

4.2.3 图注意力网络的应用领域

图注意力网络已经在多个领域取得了显著的成功，特别是在处理图数据的任务中。以下是一些应用领域的示例。

（1）社交网络分析：图注意力网络可用于社交网络中的节点分类、链接预测和社群检测等任务。它能够更好地理解用户之间的关系和社交网络的拓扑结构。

（2）推荐系统：在推荐系统中，图注意力网络可以用于个性化推荐和推荐算法的改进。它能够学习用户与商品之间的复杂关系。

（3）生物信息学：图注意力网络被广泛应用于分子图的化学分析、蛋白质相互作用预测和生物网络分析。它有助于理解生物分子之间的相互作用。

（4）自然语言处理：图注意力网络可以用于处理自然语言处理中的依赖关系分析、句法分析和文本分类等任务，可将文本数据表示为图数据。

总之，图注意力网络是一种强大的模型，适用于各种图数据相关的任务，它通过引入注意力机制提高了对节点之间关系的建模能力。其应用领域涵盖社交网络、推荐系统、生物信息学、自然语言处理等多个领域，为解决复杂的图数据问题提供了有力工具。

4.3 图自编码器

4.3.1 图自编码器的由来和发展

图自编码器（GAE）是一种用于图数据的无监督学习模型，旨在将图数据编码为低维表示并重构原始图数据。该模型的概念源于自编码器（Auto Encoder）和图神经网络（GNN），并在处理图数据的特征学习和降维中发挥了关键作用。

自编码器是一种神经网络模型，最早由 Hinton 和 Salakhutdinov 在 2006 年提出。它通过将输入数据编码为低维表示并解码以重建原始数据，可以用于数据的降维和特征学习。

图神经网络则是一类神经网络模型，最早由 Franco Scarselli 等在 2008 年提出。它用于处理图结构数据，通过在节点之间传播信息来学习节点的表示。图神经网络的发展为图自编码器提供了基础和灵感。

4.3.2 图自编码器代码实现

以下是一个简单的 Python 代码示例，演示了如何使用 PyTorch 实现一个基本的图自编码器。请注意，这只是一个简单的示例，在实际应用中可能需要更复杂的模型和更多的训练。

```python
import torch
import torch. nn as nn
import torch. optim as optim
import numpy as np
#准备图数据，包括特征矩阵和邻接矩阵
num_nodes = 10
num_features = 16
adjacency matrix = torch. tensor(np. random.randint(2, size=(num_nodes, num_nodes)),
dtype=torch.float32)
features = torch. randn(num_nodes, num_features)  #假设每个节点有16维特征
#定义图自编码器模型
class GraphAutoencoder(nn. Module):
    def __init__(self, num_features, hidden_dim):
        super(GraphAutoencoder, self).__init__()
        self. encoder = nn. Sequential(
            nn. Linear(num_features, hidden_dim),
            nn. ReLU(),
        )
        self. decoder = nn. Sequential(
        nn. Linear(hidden_dim, num_features),
        nn. ReLU(),
        )
    def forward(self, x):
        encoded= self. encoder(x)
        decoded = self. decoder(encoded)
        return encoded, decoded
```

```
#创建图自编码器模型
hidden_dim = 8
model =GraphAutoencoder(num_features, hidden_dim)
#定义损失函数和优化器
criterion=nn. MSELoss()
optimizer=optim. Adam(model. parameters(), lr=0.01)
#训练模型
num_epochs = 100
for epoch in range(num_epochs):
    optimizer.zero_grad()
    encoded, decoded model(features)
    loss criterion(decoded, features)
    loss. backward()
    optimizer.step()
    if epoch % 10 ==0:
        model =GraphAutoencoder(num_features, hidden_diprint(f' Epoch
[{epoch+1}/{num_epochs}], Loss: loss.item():.4f}')


#使用训练后的模型进行图节点的低维表示
encoded_features, = model(features)
print("Encoded Features: ")
print(encoded_features)
```

上面代码的运行结果如下所示:

```
Epoch [1/100], Loss: 1.1172
Epoch [11/100], Loss: 0.9316
Epoch [21/100], Loss: 0.8929
Epoch [31/100], Loss: 0.8504
Epoch [41/100], Loss: 0.8140
Epoch [51/100], Loss: 0.7893
Epoch [61/100], Loss: 0.7759
Epoch [71/100], Loss: 0.7687
Epoch [81/100], Loss: 0.7643
Epoch [91/100], Loss: 0.7609
Encoded Features:
(tensor([[7.3071e-01, 0.0000e+00, 0.0000e+00, 1.5810e+00, 0.0000e+00, 1.4994e+00,
        2.1228e+00, 5.1855e+00],
        [1.6039e+00, 1.4539e+00, 0.0000e+00, 0.0000e+00, 0.0000e+00, 2.2782e+00,
        1.2133e+00, 6.3162e-01],
        [5.7014e-01, 0.0000e+00, 1.3386e+00, 1.0477e+00, 1.8465e+00, 1.6859e+00,
        0.0000e+00, 0.0000e+00],
        [2.3968e+00, 0.0000e+00, 0.0000e+00, 0.0000e+00, 0.0000e+00, 0.0000e+00,
        1.4361e+00, 0.0000e+00],
        [0.0000e+00, 0.0000e+00, 0.0000e+00, 2.9646e-01, 3.9927e-01, 3.8466e-01,
        0.0000e+00, 0.0000e+00],
```

```
    [0.0000e+00, 0.0000e+00, 0.0000e+00, 1.6199e+00, 2.1978e+00, 1.0842e+00,
     0.0000e+00, 3.1847e-01],
    [2.8188e+00, 7.3498e-01, 0.0000e+00, 0.0000e+00, 0.0000e+00, 1.7008e+00,
     1.3948e+00, 2.9156e+00],
    [7.6117e-01, 0.0000e+00, 0.0000e+00, 2.5471e+00, 0.0000e+00, 2.6898e-01,
     2.0166e+00, 1.1979e-01],
    [0.0000e+00, 1.4420e+00, 0.0000e+00, 0.0000e+00, 7.2593e-01, 0.0000e+00,
     0.0000e+00, 0.0000e+00],
    [4.0675e-03, 0.0000e+00, 0.0000e+00, 1.3704e+00, 0.0000e+00, 1.2471e-01,
     1.2202e+00, 1.8699e+00]], grad_fn=<ReluBackward0>), tensor([[0.0000,
0.0000, 2.3642, 0.0000, 0.0000, 0.0000, 2.1597, 1.3299, 0.0000,
     0.0000, 0.0000, 0.0000, 0.0000, 0.0000, 0.0000, 0.0000]],
    [0.0000, 0.0000, 0.0000, 0.0000, 0.3547, 0.0000, 1.3680, 0.0000, 1.1064,
     0.0000, 0.0000, 1.0257, 0.0000, 0.0000, 0.0000, 0.0000]],
    [1.1312, 0.0000, 0.0000, 0.0000, 0.6073, 0.0000, 0.7566, 0.0000, 0.0000,
     0.1483, 0.0000, 0.0000, 0.0000, 0.0657, 0.0000, 0.0000]],
    [0.0000, 0.0000, 0.0000, 0.0000, 0.4934, 0.0000, 0.0883, 0.0000, 0.0000,
     0.0000, 0.0000, 2.3943, 0.0000, 0.0000, 0.0000, 0.0000]],
    [0.0000, 0.0000, 0.0000, 0.0000, 0.2028, 0.0000, 0.0000, 0.0000, 0.0000,
     0.0000, 0.0000, 0.0000, 0.0000, 0.0000, 0.0000, 0.0000]],
    [0.6556, 0.0000, 0.0000, 0.0000, 0.0000, 0.0000, 0.3399, 0.6380, 0.0000,
     0.0000, 0.0000, 0.0000, 0.0000, 0.0000, 0.0000, 0.0000]],
    [0.0000, 0.0000, 0.1302, 0.0000, 0.0000, 0.0000, 2.0000, 0.0000, 0.0000,
     0.0000, 0.0000, 0.8043, 0.0000, 0.0000, 0.0000, 0.0000]],
    [0.0000, 0.3437, 1.9463, 0.0000, 0.0000, 0.0000, 0.0000, 0.3824, 0.0000,
     0.0000, 0.0000, 1.1907, 0.0000, 0.0000, 0.0000, 0.0000]],
    [0.3644, 0.0000, 0.0000, 0.0000, 0.0000, 0.5356, 0.0248, 0.0000, 0.3839,
     0.0000, 0.0000, 0.0000, 0.0000, 0.5728, 0.0000]],
    [0.0000, 0.3616, 1.5029, 0.0000, 0.0000, 0.0000, 0.3466, 0.9876, 0.0000,
     0.0000, 0.0000, 0.0000, 0.0000, 0.0000, 0.0000]]],
   grad_fn=<ReluBackward0>))
```

4.3.3　图自编码器的应用领域

图自编码器在多个领域中发挥了重要作用，特别是在图数据的表示学习和降维中。以下是一些
应用领域的示例。

（1）社交网络分析：图自编码器可用于学习社交网络中节点的低维表示，例如节点分类、链
接预测和社区检测等。

（2）推荐系统：在推荐系统中，图自编码器可以用于学习用户和物品的嵌入，例如个性化推
荐和推荐算法改进。

（3）生物信息学：图自编码器可以应用于分子结构和生物网络的表示学习，例如药物发现、
蛋白质相互作用预测等任务。

（4）自然语言处理：图自编码器可以用于学习文本数据中实体之间的关系和语义表示，例如
知识图谱构建和关系抽取。

（5）异常检测：图自编码器可以用于检测异常模式或异常节点，例如网络安全领域中的入侵检测。

4.4　图生成网络

4.4.1　图生成网络的由来和发展

图生成网络（Graph Generative Network，GGN）是一类神经网络模型，旨在生成符合特定图结构的数据。这类模型的发展源于深度学习和图神经网络的蓬勃发展，以及对图数据生成问题的需求。以下是图生成网络的由来和发展概述。

1. 深度学习和生成模型的崛起

深度学习的快速发展推动了生成模型的研究，如生成对抗网络（GAN）和变分自编码器（Variational Auto-Encoder，VAE）。这些模型能够生成各种类型的数据，但对于图数据而言，需要专门的方法。

2. 图神经网络的兴起

图神经网络（GNN）的引入为处理图数据提供了新的思路。图神经网络能够有效地学习图数据的表示，这为解决图生成问题提供了基础。例如，生成图的节点和边可以被视为生成节点和边的特征表示。

3. 图生成网络的涌现

随着图神经网络的兴起，研究人员开始探索如何使用神经网络生成符合特定图结构的数据，包括生成分子、社交网络、知识图谱等图数据。

4.4.2　图生成网络代码实现

以下是一个简单的 Python 代码示例，演示了如何使用深度图生成网络（Deep Graph Generative Network，DGGN）生成一个简单的图结构。请注意，这只是一个基本示例，在实际应用中可能需要更复杂的模型和更多的训练。

```
import torch
import torch.nn as nn
import torch. optim as optim
import numpy as np
import networkx as nx
from sklearn. preprocessing import LabelBinarizer
#生成一个随机图作为训练数据
num_nodes= 20
adjacency_matrix = np.random.randint(2, size=(num_nodes, num_nodes))
graph= nx. from_numpy_array(adjacency_matrix)
```

```python
#准备特征矩阵
node_features = np.random. rand(num_nodes, 16) #假设每个节点有16维特征
#定义 VGAE 模型
class VGAE(nn. Module):
    def __init__(self, num_nodes, num_features, hidden_dim):
        super(VGAE, self).__init__()
            self. num_nodes= num_nodes
            self. num_features= num_features
            self. hidden_dim = hidden_dim
            self. encoder = nn. Sequential(
            nn. Linear(num_features, hidden_dim),
            nn. ReLU(),
            nn. Linear(hidden_dim, 2 *hidden_dim)
        )
        self. decoder = nn. Sequential(
            nn. Linear(hidden_dim, num_features),
            nn. Sigmoid()
        )
    def forward(self, adjacency_matrix, node_features):
        encoded =self. encoder(node_features)
        mean encoded[:, :self.hidden_dim]
        log_var=encoded[:, self. hidden_dim:]
        #输入与传入参数 log_var 相同、满足标准正态分布的随机数字 tensor
        epsilon = torch. randn_like(log_var)
        sampled_representation = mean +torch. exp(0.5 *log_var) *epsilon
        reconstructed_features = self.decoder(sampled representation)
        return sampled_representation, reconstructed_features, mean, log_var


#创建 VGAE 模型
hidden_dim = 32
model =VGAE(num_nodes, node_features. shape [1], hidden_dim)
#定义损失函数和优化器
criterion = nn. MSELoss()
optimizer=optim. Adam(model. parameters(), lr=0.01)
#准备邻接矩阵和特征矩阵的 PyTorch 张量
Adjacency_matrix =torch. Float Tensor(adjacency_matrix)
node_features = torch. Float Tensor(node_features)


#训练模型
num_epochs = 100
for epoch in range(num_epochs):
    optimizer.zero_grad()
    sampled_representation, reconstructed_features, mean, log_var
=model(adjacency_matrix, node_features)
    loss= criterion(reconstructed_features, node_features) + 0.5* torch. sum(1 +
log_var - mean.pow(2) - log_var.exp()) loss. backward()
```

```
    optimizer. step()
    if epoch%10 == 0:
        print(f' Epoch [{epoch+1}/[num_epochs]], Loss: loss.item():.4f}')

#生成新的图数据
generated representation, generated_features, _,
= model(adjacency_matrix, node_features) generated
adjacency = torch. mm(generated representation, generated representation.t())
```

上面代码的执行结果如下所示：

```
Epoch [1/100], Loss: -16.4690
Epoch [11/100], Loss: -4324.9512
Epoch [21/100], Loss: -992767.4375
Epoch [31/100], Loss: -11413713920.0000
Epoch [41/100], Loss: -6145282693660672.0000
Epoch [51/100], Loss: -5317952333940650934272.0000
Epoch [61/100], Loss: -5916527449264323821568.0000
Epoch [71/100], Loss: -5916527449264323821568.0000
Epoch [81/100], Loss: -5916527449264323821568.0000
Epoch [91/100], Loss: -5916527449264323821568.0000
```

4.4.3 图生成网络的应用领域

图生成网络在多个领域中发挥了关键作用，特别是在生成符合特定图结构的数据方面。以下是一些应用领域的示例。

（1）分子生成：图生成网络用于生成具有特定分子结构的化合物，可应用于药物发现和材料科学领域。

（2）社交网络生成：用于生成具有特定社交网络拓扑结构的人际关系图，可用于社交网络仿真和分析。

（3）知识图谱构建：用于生成知识图谱中的实体和关系，可用于自动知识图谱构建和补充。

（4）推荐系统：生成用户-物品关系图以支持个性化推荐。

（5）蛋白质相互作用预测：生成蛋白质相互作用网络以预测蛋白质之间的相互作用。

（6）自然语言处理：生成语法树结构以支持自然语言处理任务。

（7）异常检测：生成正常网络行为的模型，用于检测网络异常行为。

第5章

图神经网络在自然语言处理领域的应用

自然语言处理（Natural Language Processing，NLP）是人工智能领域中的一个分支，其致力于使计算机能够理解、解释、处理和生成自然语言文本。在自然语言处理领域，图神经网络已经被广泛应用，并取得了一些重要的成果，其主要应用领域包括文本分类（Text Classification）、情感分析（Sentiment Analysis）、机器翻译（Machine Translation）、句法分析（Syntax Parsing）以及命名实体识别（Named Entity Recognition）。下面介绍图神经网络在自然语言处理领域的一些应用实例，内容包括：

- 文本分类实现
- 情感分析实现
- 机器翻译实现

5.1　基于图神经网络的文本分类实现

文本分类是自然语言处理中的一个很重要的方法，其目的是能够让机器找到文档特征和文档类别之间的关系，从而对不同的文本类型进行分类。图神经网络可以用于文本分类任务，通过构建文本之间的关系图来捕捉文本之间的相似性和相关性。图神经网络可以学习到文本的表示和语义信息，从而进行准确的分类。

本节通过 OHSUMED 数据集实现不同的医药文本分类。OHSUMED 数据集是一个医疗领域的文献数据库，用于文本分类和信息检索任务。它包含诸多关于医疗和健康的文本数据，例如医学摘要、疾病描述、病例报告等。

图神经网络在文本分类中的应用过程如下。

（1）数据准备：收集包含文本和相应标签或类别的数据集。

（2）特征表示：为每个文本节点分配初始特征向量，通常将文本表示为词向量。

（3）图数据生成：根据邻接关系或者语法关系构造文本的邻接矩阵。此外，将邻接矩阵、特征矩阵以及标签合并成图数据。

（4）信息传递与聚合：图神经网络迭代地传递和聚合节点特征，进而捕捉文本的语义信息和相似性。

（5）模型训练与预测：在信息传递迭代完成后，每个文本节点的特征向量包含文本的语义信息和上下文特征，通过这些特征信息进一步进行文本分类预测。

5.1.1　问题描述

本示例使用 OHSUMED 提供的数据集中的文本信息来训练一个基于图神经的文本分类模型。OHSUMED 数据集有 7 400 例数据集，包括 23 类文本信息。该数据集在 2020 年的文本分类算法模型中的准确率达到 70.84%。

5.1.2　导入数据集

OHSUMED 包括两个文件，一个是文本的标签文件，该文件主要注释了该文本的所属类（即标签）；另一个是文本的主题和内容文件，一共有 7 400 个文件。

下面开始对 OHSUMED 数据集进行预处理，具体代码如下：

```python
import random
import numpy as np
import scipy.sparse as sp
import sys
from tqdm import tqdm
#导入数据
#文件 1：ohsumed.txt    标签文件
#文件 2：ohsumed.clean.txt    文本文件
dataset = 'ohsumed'

#加载文件列表
doc_name_list = []
doc_train_list = []
doc_test_list = []
#读取标签文件
with open("./Ohsumed/"+dataset + '.txt', 'r') as f:
    for line in f.readlines():
        doc_name_list.append(line.strip())
        temp = line.split("\t")
        if temp[1].find('test') != -1:
            doc_test_list.append(line.strip())
        elif temp[1].find('train') != -1:
            doc_train_list.append(line.strip())

#加载原始文件
doc_content_list = []
with open("./Ohsumed/"+dataset + '.clean.txt', 'r') as f:
```

```
for line in f.readlines():
    doc_content_list.append(line.strip())
```

执行代码，可以看到文本数量及标签下对应的文本信息，如图 5-1 所示。

```
[6]: print(len(doc_name_list))
     doc_name_list[0]

     7400
[6]: 'data/ohsumed_single_23/test/C01/0001011\ttest\tC01'

[7]: print(len(doc_content_list))
     doc_content_list[0]

     7400
[7]: 'infection total joint replacement although small number infections total joint replacements blood
     borne distant sources , infections appear derived operation strenuous attempts reduce risk cleaning
     air wound environment , coupled prophylactic antibiotics , reduced infection rates order magnitude
     decade time potential exchange arthroplasty established infection shown , results encouraging rigor
     ous infection control key containing difficult expensive problem'
```

图 5-1　文本数量及标签下对应的文本信息

在这里先将训练数据和测试数据划分开来，并将训练数据和测试数据打乱，以避免模型受到数据的顺序影响，同时也能够增加训练的随机性。划分数据集的具体代码如下：

```
#训练集
train_ids = []
for train_name in doc_train_list:
    train_id = doc_name_list.index(train_name)
    train_ids.append(train_id)
random.shuffle(train_ids)

#测试集
test_ids = []
for test_name in doc_test_list:
    test_id = doc_name_list.index(test_name)
    test_ids.append(test_id)
random.shuffle(test_ids)

#综合打乱数据
ids = train_ids + test_ids
shuffle_doc_name_list = []
shuffle_doc_words_list = []
for i in ids:
    shuffle_doc_name_list.append(doc_name_list[int(i)])
    shuffle_doc_words_list.append(doc_content_list[int(i)])

#标签值
label_set = set()
for doc_meta in shuffle_doc_name_list:
    temp = doc_meta.split('\t')
```

```
        label_set.add(temp[2])
label_list = list(label_set)
```

5.1.3　词嵌入

词嵌入是指将每个单词或词组映射为实数域上的向量。对 OHSUMED 数据集的文本信息进行词嵌入，其中嵌入的维度为 100 维，即表示使用 100 维的向量表示每个单词。词嵌入的具体代码如下：

```
word_set = set()
#词嵌入的维度
word_embeddings_dim = 100
word_embeddings = {}

#词频统计
for doc_words in shuffle_doc_words_list:
    words = doc_words.split()
    word_set.update(words)
vocab = list(word_set)
vocab_size = len(vocab)
print(vocab_size)
word_id_map = {}
for i in range(vocab_size):
    word_id_map[vocab[i]] = i
oov = {}

#嵌入的向量大小约束在[-0.01,0.01]范围上
for v in vocab:
  oov[v] = np.random.uniform(-0.01, 0.01, word_embeddings_dim)
```

执行代码可得，validate 的词向量（向量为 100 维度）表示如图 5-2 所示。

```
oov['validate']

array([-0.00175944, -0.00132503,  0.00866968,  0.00495116, -0.0052282 ,
       -0.00849288, -0.00599781,  0.00999553, -0.00789404,  0.00551731,
       -0.00287287, -0.00207278,  0.00553547,  0.0094455 ,  0.0076357 ,
       -0.00094521, -0.00602145,  0.00109685,  0.00207302, -0.00223054,
        0.00996627,  0.00821898, -0.00854113, -0.00491869, -0.00341477,
        0.00438104, -0.00564433,  0.00267959, -0.00027516, -0.00659916,
        0.00094594, -0.00967759,  0.00421191,  0.0095106 , -0.00679736,
        0.00798043, -0.00507081, -0.00376176, -0.00874228, -0.0068051 ,
        0.00930941, -0.00351444,  0.0096326 , -0.00772299,  0.00706524,
        0.00346614, -0.00983538,  0.00840985, -0.00734001, -0.00312088,
        0.00604702, -0.00711878,  0.00737247, -0.00392582, -0.00108441,
        0.00220651,  0.00104592,  0.00982375, -0.00772977,  0.00570404,
       -0.00210522, -0.00895431, -0.0090985 ,  0.00524417,  0.00369765,
        0.00171721,  0.00689684, -0.00680595,  0.00239389,  0.00685674,
       -0.00113958,  0.00912136,  0.0002321 , -0.00563491, -0.0083771 ,
        0.00372284, -0.00381927,  0.00630359,  0.00265331, -0.00167428,
       -0.00272062,  0.00262441, -0.00798392,  0.00725782,  0.00418962,
       -0.00195349,  0.00368039, -0.00908763, -0.00691984,  0.00135953,
        0.00859359,  0.00616169,  0.00963098, -0.00399873, -0.00601733,
       -0.00286502,  0.00658209,  0.00427694, -0.00244011,  0.00848069])
```

图 5-2　validate 的词向量表示

5.1.4　构造邻接矩阵

在建模过程中，将文本数据转换成图结构是进行模型训练的前提，图神经网络只能够处理图结构数据。一个图包括邻接矩阵以及节点的特征矩阵。此外，图结构中还需要包括该图的标签值。下面演示通过大小为 3 的滑动窗口构造词与词之间的邻接矩阵，具体代码如下：

```python
#采用滑动窗体对文本进行图关系构建
def build_graph(start, end):
    x_adj = []
    x_feature = []
    y = []
    doc_len_list = []
    vocab_set = set()
    weighted_graph = False
    truncate = False
    MAX_TRUNC_LEN = 350


    for i in tqdm(range(start, end)):
        doc_words = shuffle_doc_words_list[i].split()   #对样本进行分词
        if truncate:
            doc_words = doc_words[:MAX_TRUNC_LEN]#如果样本太长，考虑截断，取前 350 个单词
        doc_len = len(doc_words)
        #对词去重
        doc_vocab = list(set(doc_words))
        doc_nodes = len(doc_vocab)
        #统计每一个样本的全部单词
        doc_len_list.append(doc_nodes)
        vocab_set.update(doc_vocab)
        #给每个词附上编号，以表示具体的节点位置
        doc_word_id_map = {}
        for j in range(doc_nodes):
            doc_word_id_map[doc_vocab[j]] = j


        #滑动窗口
        windows = []
        #如果一个样本的词组小于窗口大小，则直接作为一个窗口的数据
        if doc_len <= window_size:
            windows.append(doc_words)
        else:
            for j in range(doc_len - window_size + 1):
                window = doc_words[j: j + window_size]
                windows.append(window)


        word_pair_count = {}
        #统计窗口内词与词之间的共现关系，并设置权重
```

```
for window in windows:
    for p in range(1, len(window)):
        for q in range(0, p):
            word_p = window[p]
            word_p_id = word_id_map[word_p]

            word_q = window[q]
            word_q_id = word_id_map[word_q]
            if word_p_id == word_q_id:
                continue
            word_pair_key = (word_p_id, word_q_id)
            #单词共现作为权重
            if word_pair_key in word_pair_count:
                word_pair_count[word_pair_key] += 1.   #词对关系权重累积，如果词对
重复出现，则累加

            else:
                word_pair_count[word_pair_key] = 1.
            #双向共现计算权重
            word_pair_key = (word_q_id, word_p_id)
            if word_pair_key in word_pair_count:
                word_pair_count[word_pair_key] += 1.
            else:
                word_pair_count[word_pair_key] = 1.

    row = []
    col = []
    weight = []
    features = []
    #对词进行嵌入表示
    for key in word_pair_count:
        p = key[0]
        q = key[1]
        row.append(doc_word_id_map[vocab[p]])
        col.append(doc_word_id_map[vocab[q]])
        weight.append(word_pair_count[key] if weighted_graph else 1.)
    #构造词特征稀疏矩阵
    adj = sp.csr_matrix((weight, (row, col)), shape=(doc_nodes, doc_nodes))

    for k, v in sorted(doc_word_id_map.items(), key=lambda x: x[1]):
        features.append(word_embeddings[k] if k in word_embeddings else oov[k])

    x_adj.append(adj)
    x_feature.append(features)


#one-hot 编码标签
```

```
    for i in range(start, end):
        doc_meta = shuffle_doc_name_list[i]
        if doc_meta.find('test') !=-1:
            print('error')
        temp = doc_meta.split('\t')
        label = temp[2]
        one_hot = [0 for l in range(len(label_list))]
        label_index = label_list.index(label)
        one_hot[label_index] = 1
        y.append(one_hot)
    y = np.array(y)
    return x_adj, x_feature, y, doc_len_list, vocab_set

#训练集
window_size = 3
x_adj_train, x_feature_train, y_train, _, _ = build_graph(start=0, end=3357)
#测试集
x_adj_test, x_feature_test, y_test, _, _ = build_graph(start=3358, end=7400)
```

执行以上代码，分别得到训练集和测试集的词邻接矩阵、特征矩阵以及标签值。其中 **x_adj** 表示文本的邻接矩阵，一个文本映射为一个邻接矩阵，该矩阵用来表示当前文本的词之间的关系。**x_feature** 表示文本中词语的嵌入向量，y 表示当前文本的标签。

5.1.5　构建图数据

在构建完文本的邻接矩阵以及特征向量后，需要将这些信息转换成图结构数据格式。在本小节将演示如何通过 dgl 数据包实现图数据的构造，构建代码如下所示：

```
import dgl
#训练集
train_data = []
for i in range(0,len(x_adj_train)):
    #临接矩阵+单位矩阵
    temp_matrix =np.array(x_adj_train[i].todense()+
np.identity(x_adj_train[i].todense().shape[0]))
    temp_matrix_nonzero = temp_matrix.nonzero()
    #入度节点和出度节点
    stv = torch.tensor(temp_matrix_nonzero[0])
    det = torch.tensor(temp_matrix_nonzero[1])
    #生成图
    G = dgl.DGLGraph((stv,det))
    #节点特征
    G.ndata['feat'] = torch.tensor(np.array(x_feature_train[i]),dtype
=torch.float32)
    #标签
    label = torch.tensor(np.array(y_train[i]), dtype=torch.float64)
```

```
#将一个元素添加到一幅图
Graphs = (G,label,{'ID':i})
train_data.append(Graphs)

#测试集
test_data = []
for i in range(0,len(x_adj_test)):
    #临接矩阵+单位矩阵
    temp_matrix =np.array(x_adj_test[i].todense()+
np.identity(x_adj_test[i].todense().shape[0]))
    temp_matrix_nonzero =  temp_matrix.nonzero()

    #入度节点和出度节点
    stv = torch.tensor(temp_matrix_nonzero[0])
    det = torch.tensor(temp_matrix_nonzero[1])
    #生成图
    G = dgl.DGLGraph((stv,det))
    #节点特征
    G.ndata['feat'] = torch.tensor(np.array(x_feature_test[i]),dtype
=torch.float32)
    #标签
    label = torch.tensor(np.array(y_test[i]), dtype=torch.float64)
    #将一个元素添加到一幅图
    Graphs = (G,label,{'ID':i})
    train_data.append(Graphs)
```

执行以上代码，即可将文本的邻接矩阵和特征矩阵以及文本标签构造成图结构数据。图 5-3 展示了训练集和测试集的第一个文本图数据。在元组的 0 位置上，num_nodes 表示当前图的节点个数，num_edges 表示图的边，feat 表示节点的嵌入表示。在元组 1 位置上表示当前图的所属标签（one-hot 编码，1 对应下标的位置代表某个具体的类别）。相关数据如图 5-3 和图 5-4 所示。

```
train_data[0]

(Graph(num_nodes=60, num_edges=348,
        ndata_schemes={'feat': Scheme(shape=(100,), dtype=torch.float32)}
        edata_schemes={}),
 tensor([0., 0., 0., 0., 0., 0., 0., 0., 0., 0., 0., 1., 0., 0., 0., 0., 0., 0.,
         0., 0., 0., 0., 0.], dtype=torch.float64),
 {'ID': 0})
```

图 5-3　相关数据 1

```
test_data[0]

(Graph(num_nodes=54, num_edges=350,
        ndata_schemes={'feat': Scheme(shape=(100,), dtype=torch.float32)}
        edata_schemes={}),
 tensor([0., 0., 0., 0., 0., 0., 0., 0., 0., 0., 0., 0., 0., 0., 0.,
         0., 1., 0., 0., 0.], dtype=torch.float64),
 {'ID': 900})
```

图 5-4　相关数据 2

5.1.6 图的小型批处理

为了提高训练效率，需要对图进行批处理。批处理是指将一批图看作具有许多互不连接的组件构成的大型图。批处理的具体代码如下：

```
def collate(samples):
    graphs, labels,z = map(list, zip(*samples))
    return dgl.batch(graphs), torch.stack(labels)

#实现小图的批处理，批次为 32 幅图
train_loader=DataLoader(train_data,batch_size=32,shuffle=True,collate_fn=collate)
test_loader = DataLoader(test_data, batch_size=32,
shuffle=True,collate_fn=collate)

for step, data in enumerate(test_loader):
    print(f'Step {step + 1}:')
    print('=======')
    print(f'Number of graphs in the current batch: {data}')
    print(data)
```

执行以上代码，既可实现小图的批处理，即将多个小图合并成一个巨型图。图 5-5 显示了第 1 批次的图的具体信息，该批次的图具有 2 559 个节点，17 005 条边。

```
Step 1:
=======
Number of graphs in the current batch: (Graph(num_nodes=2559, num_edges=17005,
      ndata_schemes={'feat': Scheme(shape=(100,), dtype=torch.float32)}
      edata_schemes={}), tensor([[0., 0., 0., 0., 0., 0., 0., 0., 0., 1., 0., 0., 0., 0., 0., 0., 0., 0.,
        0., 0., 0., 0., 0.],
       [0., 0., 0., 0., 0., 0., 0., 0., 0., 0., 0., 0., 0., 0., 0., 0., 0., 0.,
        0., 1., 0., 0., 0.],
       [0., 0., 0., 0., 0., 0., 0., 0., 0., 0., 0., 0., 0., 0., 0., 0., 0., 0.,
        1., 0., 0., 0., 0.],
       [0., 0., 0., 0., 0., 0., 0., 0., 0., 0., 0., 1., 0., 0., 0., 0., 0.,
        0., 0., 0., 0., 0.],
       [0., 0., 0., 0., 0., 0., 0., 0., 0., 0., 0., 0., 0., 0., 0., 0., 0., 0.,
        1., 0., 0., 0., 0.],
       [1., 0., 0., 0., 0., 0., 0., 0., 0., 0., 0., 0., 0., 0., 0., 0., 0.,
        0., 0., 0., 0., 0.],
       [0., 0., 0., 0., 0., 0., 0., 1., 0., 0., 0., 0., 0., 0., 0., 0., 0.,
        0., 0., 0., 0., 0.],
       [0., 0., 0., 0., 0., 1., 0., 0., 0., 0., 0., 0., 0., 0., 0., 0., 0.,
        0., 0., 0., 0., 0.],
       [0., 0., 0., 0., 0., 0., 0., 0., 0., 1., 0., 0., 0., 0., 0., 0., 0.,
        0., 0., 0., 0., 0.],
       [0., 0., 0., 0., 0., 0., 0., 0., 0., 0., 0., 0., 0., 0., 0., 1., 0.,
        0., 0., 0., 0., 0.],
       [0., 0., 0., 0., 0., 0., 0., 0., 0., 0., 0., 0., 0., 0., 0., 0., 0.,
        0., 1., 0., 0., 0.],
       [0., 0., 0., 0., 0., 0., 0., 0., 0., 0., 0., 0., 0., 0., 0., 0., 1.,
        0., 0., 0., 0., 0.],
       [0., 0., 0., 0., 0., 0., 0., 0., 0., 0., 0., 0., 0., 0., 0., 0., 0.,
        0., 0., 1., 0., 0.],
       [0., 0., 0., 0., 0., 0., 0., 0., 0., 0., 0., 0., 0., 0., 0., 0., 1.,
        0., 0., 0., 0., 0.]]))
```

图 5-5　第 1 批次的图的具体信息

5.1.7　图卷积神经网络

　　图卷积神经网络是一类用于处理图数据的深度学习模型。与传统的卷积神经网络（CNN）专注于处理网格结构数据（图像）不同，图卷积神经网络旨在处理图结构数据，这些数据由节点（Vertices）和边（Edges）组成。图卷积神经网络的核心思想是：将节点的特征与其相邻节点的特征进行聚合，从而捕获节点在图上的上下文信息。聚合操作类似于卷积神经网络中的卷积操作，但是在图上进行。图卷积神经网络通过将节点的特征与其邻居节点的特征进行加权平均或拼接来聚合信息。这使得每个节点能够获取其邻居的信息。下面通过 torch 构造图卷积神经网络来实现文本分类：

```
import torch
from torch._C import device
import torch.nn as nn
import torch.nn.functional as F
import torch.optim as optim
from torch.utils.data import DataLoader
from dgl.nn.pytorch import GraphConv
#定义图卷积
class GCNs(nn.Module):
    def __init__(self, in_dim, n_classes):
        super(GCNs, self).__init__()
        self.conv1 = GraphConv(in_dim, 128)
        self.conv2 = GraphConv(128, 256)
        self.conv3 = GraphConv(256, 64)
        self.classify = nn.Linear(64, n_classes)    #定义分类器

    def forward(self, g):
        #g 表示批处理后的大图，N 表示大图的所有节点数量，n 表示图的数量
        h = g.ndata['feat']
        #执行图卷积和激活函数
        h = F.relu(self.conv1(g, h))  #[N, hidden_dim]
        h = h.relu()
        h = F.relu(self.conv2(g, h))  #[N, hidden_dim]
        h = h.relu()
        h = F.relu(self.conv3(g, h))  #[N, hidden_dim]
        g.ndata['feat'] = h                 #将特征赋予图的节点
        #通过平均池化每个节点的表示得到图表示
        hg = dgl.mean_nodes(g, 'feat')#[n, hidden_dim]
        return self.classify(hg)         #[n, n_classes]

DEVICE = torch.device('cuda' if torch.cuda.is_available() else 'cpu')
#构造模型
model = GCNs(100, 23)
model.to(DEVICE)
```

　　执行以上代码，构建的图卷积神经网络结构如图 5-6 所示，可以看到该图卷积神经网络模型包含 3 个卷积层和 1 个线性分类层。

```
[22]: GCNs(
        (conv1): GraphConv(in=100, out=128, normalization=both, activation=None)
        (conv2): GraphConv(in=128, out=256, normalization=both, activation=None)
        (conv3): GraphConv(in=256, out=528, normalization=both, activation=None)
        (conv4): GraphConv(in=528, out=64, normalization=both, activation=None)
        (classify): Linear(in_features=64, out_features=23, bias=True)
      )
```

图 5-6　构建的图卷积神经网络结构

5.1.8　模型训练与测试

在完成以上数据预处理、图数据构造、模型搭建以及设置训练参数后，现在开始训练图神经网络，训练代码如下：

```
from sklearn.metrics import accuracy_score
#标签转换
def props_to_onehot(props):
    if isinstance(props, list):
        props = np.array(props)
    a = np.argmax(props, axis=1)
    b = np.zeros((len(a), props.shape[1]))
    b[np.arange(len(a)), a] = 1
    return b
#定义准确率
def get_accuracy(data):
    test_pred, test_label = [], []
    with torch.no_grad():
        for it, (batchg, label) in enumerate(data):
            batchg, label = batchg.to(DEVICE), label.to(DEVICE)
            pred = torch.softmax(model(batchg), 1)
            pred = props_to_onehot(pred)
            label = props_to_onehot(label)
            test_pred.append(pred)
            test_label.append(label)
    test_label = np.concatenate(test_label, axis=0)
    test_pred = np.concatenate(test_pred, axis=0)
return accuracy_score(test_label, test_pred)


loss_func = nn.CrossEntropyLoss()

#定义 Adam 优化器
optimizer = optim.Adam(model.parameters(), lr=0.001)
model.train()
epoch_losses = []

#开始训练
for epoch in range(600):
```

```
epoch_loss = 0
for iter, (batchg, label) in enumerate(train_loader):
    batchg, label = batchg.to(DEVICE), label.to(DEVICE)
    prediction = model(batchg)
    loss = loss_func(prediction, label)
    optimizer.zero_grad()
    loss.backward()
    optimizer.step()
    epoch_loss += loss.detach().item()
epoch_loss /= (iter + 1)
print('Training Epoch {}, loss {:.4f}, accuracy {}'.format(epoch,
epoch_loss,get_accuracy(train_loader)))
epoch_losses.append(epoch_loss)
print('Training Epoch {}, train_loss ={:.4f}, train_accuracy =
{:.4f},test_accuracy ={:.4f}'.format(epoch,
epoch_loss,get_accuracy(train_loader),get_accuracy(test_loader)))
```

运行以上代码，即可开始训练模型，并打印每一次 epoch 的损失、训练集的准确率和测试集的准确率，如图 5-7 所示。至此，顺利完成基于图神经网络的文本分类任务。

```
Training Epoch 6, train_loss =2.6045, train_accuracy = 0.2436, test_accuracy =0.2180
Training Epoch 7, train_loss =2.6130, train_accuracy = 0.2448, test_accuracy =0.2232
Training Epoch 8, train_loss =2.5845, train_accuracy = 0.2507, test_accuracy =0.2301
Training Epoch 9, train_loss =2.5793, train_accuracy = 0.2478, test_accuracy =0.2274
Training Epoch 10, train_loss =2.5874, train_accuracy = 0.2528, test_accuracy =0.2313
Training Epoch 11, train_loss =2.5689, train_accuracy = 0.2370, test_accuracy =0.2128
Training Epoch 12, train_loss =2.5750, train_accuracy = 0.2546, test_accuracy =0.2303
Training Epoch 13, train_loss =2.5667, train_accuracy = 0.2540, test_accuracy =0.2353
Training Epoch 14, train_loss =2.5700, train_accuracy = 0.2552, test_accuracy =0.2301
Training Epoch 15, train_loss =2.5530, train_accuracy = 0.2570, test_accuracy =0.2345
Training Epoch 16, train_loss =2.5488, train_accuracy = 0.2543, test_accuracy =0.2335
Training Epoch 17, train_loss =2.5414, train_accuracy = 0.2552, test_accuracy =0.2358
Training Epoch 18, train_loss =2.5408, train_accuracy = 0.2666, test_accuracy =0.2390
Training Epoch 19, train_loss =2.5321, train_accuracy = 0.2627, test_accuracy =0.2298
Training Epoch 20, train_loss =2.5227, train_accuracy = 0.2633, test_accuracy =0.2360
Training Epoch 21, train_loss =2.5436, train_accuracy = 0.2567, test_accuracy =0.2298
Training Epoch 22, train_loss =2.5157, train_accuracy = 0.2606, test_accuracy =0.2331
Training Epoch 23, train_loss =2.5107, train_accuracy = 0.2588, test_accuracy =0.2313
```

图 5-7　模型训练结果

5.2　基于图神经网络的情感分析实现

情感分析是自然语言处理领域的一个重要任务，其目标是分析文本中的情感或情感极性。情感分析任务中的一种常见形式是将文本分为不同的情感类别，这些类别通常包括正面、负面和中性情感。例如，判断一条社交媒体评论是积极的、消极的还是中性的。

在这里，我们将通过 MR（电影评论）数据集分析用户对影视作品的评论，以进一步判断用户影评结果是积极的还是消极的，借此研究情感分析问题。

图神经网络在情感分析中的应用过程如下。

（1）数据收集：收集包含文本和情感标签的数据集，这些标签可以是离散的情感类别，也可以是连续的情感强度值。

（2）文本预处理：对文本进行预处理，包括分词、去除停用词、小写化等操作，以准备文本数据进行分析。

（3）特征提取：从文本数据中提取有关情感的特征，可以使用词嵌入技术（如 Word2Vec、BERT等）来表示文本。

（4）图数据生成：根据邻接关系或者语法关系构造文本的邻接矩阵。此外，将邻接矩阵、特征矩阵以及标签合并成图数据。

（5）模型训练与预测：使用标注的训练数据对模型进行训练，通常需要定义适当的损失函数，并进行反向传播来更新模型参数。最后将训练好的模型应用于新的文本数据，以完成情感分析。

5.2.1 问题描述

在这里使用 MR 数据集中的文本信息来训练一个基于图神经网络的情感分析模型。MR 数据集中有 10 662 例数据，其中包括两类影评数据（积极评论和消极评论）。

5.2.2 导入数据集

MR 数据集包括两个文件，一个是文本的标签文件，该文件主要注释了该文本所属的标签；另一个是文本的主题和内容文件，一共包含 10 662 个文件。首先我们使用 open 方法读取 MR 数据集的数据，代码如下：

```python
#导入数据
import random
import numpy as np
import scipy.sparse as sp
import sys
from tqdm import tqdm

#文件1：MR.txt    标签文件
#文件2：MR.clean.txt    文本文件

dataset = 'mr'
#加载文档列表
doc_name_list = []
doc_train_list = []
doc_test_list = []

#加载标签文件
with open("./MR/"+dataset + '.txt', 'r') as f:
    for line in f.readlines():
        doc_name_list.append(line.strip())
        temp = line.split("\t")
```

```
        if temp[1].find('test') != -1:
            doc_test_list.append(line.strip())
        elif temp[1].find('train') != -1:
            doc_train_list.append(line.strip())

doc_content_list = []

#加载影评文件
with open("./MR/"+dataset + '.clean.txt', 'r') as f:
    for line in f.readlines():
        doc_content_list.append(line.strip())

#ID 映射和打乱数据集
train_ids = []
for train_name in doc_train_list:
    train_id = doc_name_list.index(train_name)
    train_ids.append(train_id)
random.shuffle(train_ids)

test_ids = []
for test_name in doc_test_list:
    test_id = doc_name_list.index(test_name)
    test_ids.append(test_id)
random.shuffle(test_ids)
ids = train_ids + test_ids

shuffle_doc_name_list = []
shuffle_doc_words_list = []
for i in ids:
    shuffle_doc_name_list.append(doc_name_list[int(i)])
shuffle_doc_words_list.append(doc_content_list[int(i)])

print(shuffle_doc_name_list[0:5])
shuffle_doc_words_list[0:5]
```

执行代码，首先依次读取文本信息以及标签值，其次打乱数据集避免模型受到数据的顺序影响。打印数据集的前 5 条数据的结果如图 5-8 所示。

```
['3273\ttrain\t1', '6745\ttrain\t0', '6455\ttrain\t0', '3347\ttrain\t1', '4064\ttrain\t0']
['jagger the actor is someone you want to see again',
 "yet another movie which presumes that high school social groups are at war , let alone conscious
of each other 's existence",
 'disney again ransacks its archives for a quick buck sequel',
 'this often hilarious farce manages to generate the belly laughs of lowbrow comedy without sacrifi
cing its high minded appeal',
 'manipulative claptrap , a period piece movie of the week , plain old blarney take your pick all t
hree descriptions suit evelyn , a besotted and obvious drama that tells us nothing new']
```

图 5-8　数据集的前 5 条数据的结果

5.2.3 词嵌入

对于文本中的单词，同样需要将词转换成词向量。在这里使用 NumPy 的 random 函数对每个词进行词向量转换，具体代码如下：

```
word_embeddings_dim = 64
word_embeddings = {}
word_set = set()

for doc_words in shuffle_doc_words_list:
    words = doc_words.split()
    word_set.update(words)

vocab = list(word_set)
vocab_size = len(vocab)
print(vocab_size)
word_id_map = {}

for i in range(vocab_size):
    word_id_map[vocab[i]] = i

#随机初始化词向量
oov = {}
for v in vocab:
    oov[v] = np.random.uniform(-0.01, 0.01, word_embeddings_dim)
```

执行以上代码，得到每个词的词向量表示。打印 dolphin 的嵌入向量，如图 5-9 所示。

```
oov['dolphin']
array([-3.84789917e-03,  8.63464440e-03, -5.50550098e-03,  1.06934644e-03,
       -8.34196411e-03,  2.12623334e-03, -5.77116688e-03, -6.16818579e-03,
        7.85046707e-03, -2.33644525e-03, -4.77487298e-03,  1.68701795e-03,
        4.60032798e-03,  3.87828085e-03, -4.47719517e-03,  9.23038495e-03,
       -1.53470071e-03,  2.51213264e-03, -2.40869520e-03, -4.93842333e-03,
        4.12548425e-03,  3.20978646e-03, -7.07780823e-03,  6.56047675e-03,
        3.95087094e-04, -1.68016847e-03, -1.00834973e-03, -7.15713964e-03,
       -5.04538134e-03, -1.89100894e-03,  6.74970676e-03,  1.22682325e-03,
        1.93364164e-03, -5.90728063e-03,  4.08647645e-03,  9.51898698e-03,
       -4.22794324e-03, -9.98125633e-03, -6.86769536e-03,  6.36178997e-04,
        1.77132099e-03, -8.92877513e-03,  6.82876030e-03, -9.81028511e-03,
       -1.63100880e-03,  8.99716459e-05,  8.46551290e-04,  9.25160742e-03,
       -9.55181076e-03,  6.43242317e-05, -7.78122250e-03,  2.00682615e-03,
       -3.50529953e-03,  8.67067825e-03, -6.37396908e-03, -2.83082901e-03,
       -5.74503629e-03,  2.48370779e-03, -8.35011338e-03,  5.34731085e-03,
       -8.38895684e-03, -3.36198808e-03, -2.27475316e-03,  8.86036362e-03])
```

图 5-9 dolphin 的嵌入向量

5.2.4 语法依存树

在本小节通过 spacy 的语法依存树构建句子的邻接矩阵，并将其转换成图数据。语法依存树是指用于描述自然语言中单词之间的依存关系的树状结构。它是一种语法分析方法，用于表示一个句子中单词之间的语法关系，包括主谓关系、修饰关系、动宾关系等。每个单词都在这个树中表示为一个节点，而依存关系则通过有向边表示。基于 spacy 的语法依存树代码实现如下：

```python
from torch_geometric.data import Data

#英文词库
nlp = spacy.load("en_core_web_sm")

#图构造
def build_graph(start, end):
    graph_data = []
    for j in tqdm(range(start,end)):
        doc_words = shuffle_doc_words_list[j]
        doc = nlp(doc_words)
        spacy_tokens = []

        for token in doc:
            spacy_tokens.append(token)

        #构造邻接矩阵
        adj_matrix = [[0] * len(doc) for _ in range(len(doc))]
        for token in doc:
            for child in token.children:
                adj_matrix[token.i][child.i] = 1

        adj_matrix = np.matrix(adj_matrix).T

        adj_matrix = (adj_matrix + adj_matrix.T)

        #临接矩阵+单位矩阵
        adj_matrix = adj_matrix + np.identity(np.array(adj_matrix).shape[0])

        #词向量（节点特征）
        feature_words = []
        for token in doc:
            if str(token) in oov.keys():
                feature_words.append(oov[str(token)])
            else:
                feature_words.append( np.random.uniform(-0.01, 0.01,
word_embeddings_dim) )
        feature_words = torch.tensor(feature_words,dtype=torch.float)

        #标签
        label = torch.tensor(int(shuffle_doc_name_list[j].split('\t')[-1]),
dtype=torch.long)
```

```
#生成图的邻接二元组
adj_matrix_nonzero = np.array(adj_matrix).nonzero()
adj_matrix_nonzero = torch.tensor(adj_matrix_nonzero)

 #生成图
data = Data(x=feature_words, y=label, edge_index=adj_matrix_nonzero)

graph_data.append(data)

return graph_data
#构造 10 000 幅图来完成影评的情感分析
graph_words =build_graph(0, 10000)
```

在上面的代码中，我们构造了 10 000 个图来完成影评的情感分析，执行以上代码，可以看到前 10 个图的结构如图 5-10 所示。

```
graph_words[0:10]

[Data(x=[19, 64], edge_index=[2, 55], y=0),
 Data(x=[36, 64], edge_index=[2, 106], y=1),
 Data(x=[26, 64], edge_index=[2, 76], y=1),
 Data(x=[25, 64], edge_index=[2, 73], y=1),
 Data(x=[25, 64], edge_index=[2, 73], y=1),
 Data(x=[9, 64], edge_index=[2, 25], y=0),
 Data(x=[19, 64], edge_index=[2, 55], y=1),
 Data(x=[23, 64], edge_index=[2, 67], y=1),
 Data(x=[14, 64], edge_index=[2, 40], y=0),
 Data(x=[29, 64], edge_index=[2, 85], y=0)]
```

图 5-10　前 10 个图的结构

5.2.5　图的小型批处理

为了使训练的效率更高，对文本图进行批处理，其中训练集为 7 000 个图，测试集为 3 000 个图。图的批处理代码如下：

```
train_data = graph_words[0:7000]
test_data = graph_words[7000:]
from torch_geometric.loader import DataLoader
train_loader = DataLoader(train_data, batch_size=64, shuffle=True)
test_loader = DataLoader(test_data, batch_size=64, shuffle=True)

for step, data in enumerate(test_loader):
    print(f'Step {step + 1}:')
    print('=======')
    print(f'Number of graphs in the current batch: {data}')
```

执行以上代码，每一个批次图的具体信息如图 5-11 所示。

```
Step 1:
=======
Number of graphs in the current batch: DataBatch(x=[1407, 64], edge_index=[2, 4091], y=[64], batch=[1407], ptr=[65])
Step 2:
=======
Number of graphs in the current batch: DataBatch(x=[1333, 64], edge_index=[2, 3871], y=[64], batch=[1333], ptr=[65])
Step 3:
=======
Number of graphs in the current batch: DataBatch(x=[1266, 64], edge_index=[2, 3668], y=[64], batch=[1266], ptr=[65])
Step 4:
=======
Number of graphs in the current batch: DataBatch(x=[1278, 64], edge_index=[2, 3700], y=[64], batch=[1278], ptr=[65])
Step 5:
=======
Number of graphs in the current batch: DataBatch(x=[1351, 64], edge_index=[2, 3915], y=[64], batch=[1351], ptr=[65])
Step 6:
=======
Number of graphs in the current batch: DataBatch(x=[1284, 64], edge_index=[2, 3724], y=[64], batch=[1284], ptr=[65])
Step 7:
=======
Number of graphs in the current batch: DataBatch(x=[1374, 64], edge_index=[2, 3988], y=[64], batch=[1374], ptr=[65])
```

图 5-11　每一个批次图的具体信息

其中，x 表示图中节点的嵌入向量，edge_index 为图的临接矩阵，y 为具体的标签值。

5.2.6　图神经网络的构造

在本小节中，我们通过构造一个具有 3 层图卷积层的神经网络来实现 MR 数据集的情感分析，具体代码如下：

```python
from torch_geometric.nn import GCNConv
from torch.nn import Linear
from torch_geometric.nn import global_mean_pool
#具有 3 层图卷积层的神经网络
class GCN(torch.nn.Module):
    def __init__(self, hidden_channels):
        super(GCN, self).__init__()
        self.conv1 = GCNConv(64, hidden_channels)
        self.conv2 = GCNConv(hidden_channels, hidden_channels)
        self.conv3 = GCNConv(hidden_channels, hidden_channels)
        self.lin = Linear(hidden_channels, 2)

    def forward(self, x, edge_index, batch):
        x = self.conv1(x, edge_index)
        x = x.relu()
        x = self.conv2(x, edge_index)
        x = x.relu()
        x = self.conv3(x, edge_index)

        #2. Readout layer
        x = global_mean_pool(x, batch)  #[batch_size, hidden_channels]

        #3. Apply a final classifier
        x = F.dropout(x, p=0.5, training=self.training)
```

```
        x = self.lin(x)
        return x

model = GCN(hidden_channels=64)
DEVICE = torch.device('cuda' if torch.cuda.is_available() else 'cpu')
model.to(DEVICE)
#打印模型的信息
print(model)
```

执行以上代码，打印模型的信息，如图 5-12 所示。

```
GCN(
  (conv1): GCNConv(64, 64)
  (conv2): GCNConv(64, 64)
  (conv3): GCNConv(64, 64)
  (lin): Linear(in_features=64, out_features=2, bias=True)
)
```

图 5-12　打印模型的信息

5.2.7　模型训练与测试

在完成图的构造、图的批次处理和图神经网络的构造后，下面开始对网络进行训练。由于 MR 数据集是二分类的（即判断某一天的影评信息是积极的还是消极的），因此损失函数采用交叉熵损失函数，并设置 epoch 为 500、batch_size 为 32。模型训练代码如下所示：

```
#定义优化器
optimizer = torch.optim.Adam(model.parameters(), lr=0.001)
#损失函数
criterion = torch.nn.CrossEntropyLoss()
#模型训练
def trains():
    model.train()
    epoch_loss = 0
    for iter,data in enumerate(train_loader):
        out = model(data.x, data.edge_index, data.batch)
        #计算损失
        loss = criterion(out, data.y)
        #反向传播
        loss.backward()
        optimizer.step()
        optimizer.zero_grad()
        epoch_loss += loss.detach().item()
    epoch_loss /= (iter + 1)
def test(loader):
    model.eval()
    epoch_loss = 0
    correct = 0
```

```
for iter,data in enumerate(loader):
    out = model(data.x, data.edge_index, data.batch)
    loss = criterion(out, data.y)
    pred = out.argmax(dim=1)
    correct += int((pred == data.y).sum())
    epoch_loss += loss.detach().item()
epoch_loss /= (iter + 1)
return correct / len(loader.dataset), epoch_loss

for epoch in range(500):
    trains()
    train_acc,train_loss = test(train_loader)
    test_acc,test_loss = test(test_loader)
    print(f'Epoch: {epoch:03d}, Train_loss:{train_loss:4f}, Train Acc:
{train_acc:.4f}, Test_loss:{test_loss:4f}, Test Acc: {test_acc:.4f}')
```

执行以上代码，开始进行模型的训练与测试。同时可以看到在训练信息中包含 loss 和 accuracy 的信息，具体执行结果如图 5-13 所示。

```
Epoch: 000, Train_loss:0.693132, Train Acc: 0.5001, Test_loss:0.693138, Test Acc: 0.4997
Epoch: 001, Train_loss:0.693107, Train Acc: 0.4999, Test_loss:0.693116, Test Acc: 0.5003
Epoch: 002, Train_loss:0.693078, Train Acc: 0.5001, Test_loss:0.693131, Test Acc: 0.4997
Epoch: 003, Train_loss:0.693242, Train Acc: 0.4999, Test_loss:0.693368, Test Acc: 0.5003
Epoch: 004, Train_loss:0.691608, Train Acc: 0.5071, Test_loss:0.692196, Test Acc: 0.5023
Epoch: 005, Train_loss:0.688825, Train Acc: 0.5619, Test_loss:0.690231, Test Acc: 0.5410
Epoch: 006, Train_loss:0.681743, Train Acc: 0.5706, Test_loss:0.685997, Test Acc: 0.5507
Epoch: 007, Train_loss:0.677656, Train Acc: 0.5754, Test_loss:0.683778, Test Acc: 0.5653
Epoch: 008, Train_loss:0.676956, Train Acc: 0.5724, Test_loss:0.686308, Test Acc: 0.5550
Epoch: 009, Train_loss:0.676744, Train Acc: 0.5699, Test_loss:0.685085, Test Acc: 0.5537
Epoch: 010, Train_loss:0.674897, Train Acc: 0.5736, Test_loss:0.684415, Test Acc: 0.5550
Epoch: 011, Train_loss:0.671915, Train Acc: 0.5823, Test_loss:0.682172, Test Acc: 0.5613
Epoch: 012, Train_loss:0.667970, Train Acc: 0.5876, Test_loss:0.680249, Test Acc: 0.5713
Epoch: 013, Train_loss:0.667140, Train Acc: 0.5910, Test_loss:0.679621, Test Acc: 0.5760
Epoch: 014, Train_loss:0.675762, Train Acc: 0.5721, Test_loss:0.687726, Test Acc: 0.5533
Epoch: 015, Train_loss:0.667404, Train Acc: 0.5907, Test_loss:0.683486, Test Acc: 0.5530
Epoch: 016, Train_loss:0.662761, Train Acc: 0.5973, Test_loss:0.678100, Test Acc: 0.5770
Epoch: 017, Train_loss:0.666127, Train Acc: 0.5941, Test_loss:0.683143, Test Acc: 0.5513
Epoch: 018, Train_loss:0.662159, Train Acc: 0.5947, Test_loss:0.678999, Test Acc: 0.5730
```

图 5-13　模型执行结果

以上代码完整地叙述了基于图神经网络的情感分析实现。该实现经过文本数据预处理、语法树的构造、随机初始化词的特征向量、图数据构造、模型的构建及训练等一系列操作，完成了基于图神经网络的情感分析。

5.3　基于图神经网络的机器翻译实现

近年来，图神经网络（GNN）作为一种新兴的深度学习方法，在机器翻译领域已经取得了一些令人瞩目的成果。图神经网络在机器翻译领域的发展首先体现在其能够捕捉跨语言之间的关系，通过在源语言和目标语言之间建立语言图，并通过汇聚邻居信息，进一步捕获源语言和目标语言之间的依赖关系和语义信息。另外，图神经网络也为语言表示学习提供了新的思路。传统的自回归模型往往无法充分利用语言之间的关系，难以处理长文本数据并容易引入噪声。利用源语言和目标语言之间的依存关系构造依存图，进行图上的嵌入式编码，可以直接利用图神经网络对结构信息进行语言表示学习和推理，从而提高机器翻译的准确性和精度。

目前，由于图神经网络在机器翻译中的研究还处于起步阶段，现有的开源代码和实现方式相对较少。因此，为了让读者能够对图神经网络在机器翻译领域的应用有更深的认识和理解，本节将阐述目前图神经网络在机器翻译中的一些研究进展和实现思路。

5.3.1　基于语法感知的图神经网络编码器用于机器翻译

目前，一些主流的方法主要是基于依存句法关系的图编码器来实现机器翻译的。该方法的主要思想是，通过句子的依存句法关系构造图数据，将源句子中的每个词当作图中的各个节点，句中各个词的依存关系被定义成边，依存关系的类型也就是边的类型。这种句子的依存关系可以看作一幅有向图，可以通过图学习的方法来丰富每个词的表示所包含的有效信息。

具体来讲，给定一个源语言的输入句子，首先使用卷积神经网络对源端每个单词及其上下文信息进行编码，得到上下文相关的每个单词的隐含状态。然后，通过句法图卷积神经网络，将之前得到的每个词的隐含状态作为输入节点的初始值，将源句子的依存句法作为边，进行图神经网络迭代，从而丰富每个词的表示所包含的有效信息。经过多轮信息的更新迭代，句法图卷积神经网络输出句子的表示，并交由解码器进行解码，输出目标语言的句子。

5.3.2　利用图卷积神经网络挖掘机器翻译中的语义信息

目前，有些研究方法通过将源语句的谓词-论元结构信息纳入神经机器翻译模型中，以改进翻译质量。这个方法的核心是使用图卷积神经网络来注入语义偏差，以便编码器能够更好地捕捉源语句中的语义信息。具体来说，该方法首先将源语句转换为一个连续的向量表示。这个向量表示包含源语句中每个单词的信息，以及它们之间的关系。然后，将源语句看作一个图，每个单词是一个节点，单词之间的依存关系是边。最后，使用图卷积神经网络来学习每个单词的表示，同时考虑它们之间的依存关系。在编码阶段，为了让编码器能够更好地关注与目标语句相关的源语句部分，可以通过双门控机制的注意力网络来动态地调整编码器对源语句的关注程度。其中，一个门控单元用于计算源语句中每个单词的权重，另一个门控单元用于计算源语句中每个单词的表示。在最后将这两个门控单元的输出相乘，得到一个加权的源语句表示，这样能够更好地捕捉与目标语句相关的源语句部分，从而提高翻译质量。

5.3.3　示例总结

基于图神经网络的机器翻译实现，其主要优势在于能够通过图结构来处理长句子和捕捉单词之间的复杂关系，从而提升翻译质量和对上下文的理解能力。这种方法可以更好地处理语法和语义问题，使得翻译结果更加准确和流畅。但是，目前基于图神经网络在机器翻译方面的研究较少，可使用的数据集和开源代码也较为有限，其具体实现过程很复杂。因此，对于本节内容读者仅做了解即可。

第6章

图神经网络在计算机视觉领域的应用

图神经网络是一种能够处理图结构数据的深度学习模型，它可以有效地利用图中的节点和边的信息，以及节点和边的拓扑关系。图神经网络在计算机视觉领域的应用有很多，主要包括以下几个方向。

- 目标检测：目标检测的目的是在图像或者视频中定位和识别出感兴趣的对象，例如将图像中的猫、狗、飞机等框选出来，生成该目标对象的位置信息。目标检测不仅要判断图像或者视频中是否存在某个类别的对象，还要确定对象的位置和大小，这在实际应用中通常用一个矩形框来表示。目标检测可以用于实现多种应用，例如人脸识别、行人检测、车辆检测、物体跟踪等。
- 图像分类：图像分类是指将图像分配到一个或多个预定义类别的任务，例如将图像分为猫、狗、飞机等。图神经网络可以用于图像分类，因为它可以将图像中的区域或者特征作为节点，将区域或者特征之间的关系作为边，从而构建一个图结构，然后利用图神经网络的信息传递机制实现图像的表示和分类。
- 图像生成：图像生成是指根据给定的条件，生成与之对应的图像的任务，例如根据一幅场景图或者一幅草图，生成一幅图像。图神经网络可以用于图像生成，因为它可以将给定的条件转换为一个图结构，然后利用图神经网络的信息传递机制实现图像的合成和细化。

这些是图神经网络在计算机视觉领域的一些应用，当然还有其他的应用，例如图像检索、图像理解、图像描述、图像编辑等。图神经网络在计算机视觉领域中得到了广泛的使用，它可以有效地处理图像中的结构化信息，提高图像的分析和生成的性能，内容包括：

- 图像分类实现
- 目标检测实现
- 图像生成实现

6.1 基于图神经网络的图像分类实现

图像分类是计算机视觉的一个重要任务，它的目的是将图像分配到预定义的类别中。图神经网络可以有效地处理图结构的数据，由图像所构建的图可以帮助算法找到更本质的图像信息，从而获得更准确的分类结果。基于图神经网络的图像分类的研究有很多分支，如基于超像素的模型、基于区域的模型和端到端的图神经网络模型。

基于超像素的模型将图像分割成若干超像素，然后将每个超像素作为一个节点，根据超像素之间的相似性或距离来构建图的边。例如，Avelar 等提出了一种基于超像素的图卷积神经网络模型，它使用基于注意力的超像素分割算法来划分图像，然后使用 GAT 模型实现注意力学习，最后使用多层感知器（MLP）进行最终分类预测。

基于区域的模型将图像分割成若干个区域，然后将每个区域作为一个节点，根据区域之间的空间关系或语义关系来构建图的边。例如，Han 等提出了一种基于区域的图注意力网络模型，它使用分割算法来划分图像，然后使用 ViG 模型进行特征提取来计算区域之间的边的权重，最终使用图神经网络来提取图的特征并进行分类。

端到端的图神经网络模型将图像作为一个图输入，然后通过图神经网络的层次结构来提取图像的特征，并最终输出图像的类别。这种模型的优点是可以直接利用图像的像素级信息，而不需要预先提取人工特征或使用其他的图像处理方法。

本节将介绍两个模型实例，一个基于端到端的图神经网络对图像进行分类，另一个基于区域的图神经网络对图像进行分类。

6.1.1 基于端到端的图神经网络模型的图像分类

基于端到端的图神经网络模型的图像分类是一种利用图神经网络（GNN）来处理图像数据的方法。图像数据可以被看作一种特殊的图结构数据，有以下两种主要的处理方式。

● 第一种：将图片的每个像素视为一个节点，每个像素之间的相邻关系可以视为一条边。
● 第二种：将每幅图片视为单独的节点，图片间的关系或相似程度视为一条边。

基于端到端的图神经网络模型的图像分类方法通过使用 GNN 来学习图像中的局部和全局特征，从而实现对图像的分类。这种方法的优点是可以充分利用图像中的结构信息来提高分类的准确性和鲁棒性。

Garcia 等提出的 few-shot-gnn 方法是一种使用 GNN 实现基于端到端的图神经网络模型的图像分类方法，这也是第一个将小样本学习推广到图上的模型。

为了实现图像分类，Garcia 等首先将样本图片构建成一组输入节点。其中，每个节点是一个单独的样本图片生成的特征向量和它的标签的 one-hot 拼接，这就把样本转换为一个二进制向量。对于无标签样本，可以采用全零或者均匀分布来填充标签部分。然后，将一组节点同时输入 GNN 中，使标签能够在学习过程中传递到无标签的查询样例上去。

GNN 是由许多节点和边构成的图模型，在训练时，每一个节点都代表一幅输入的图像及其标签，而每个边上的权重则表示两幅图之间的关系（如向量距离或相似程度）。在进行学习时，先计算关系权重，再修改节点特征，然后重新计算关系，再修改节点特征，循环学习。由于两层为一组学习阶段，因此这种 GNN 结构又叫 2-hop GNN。经过学习获得的输出是一个更新后的图结构，随后 GNN 的最后一层将节点特征映射到不同的类别，从而实现图像分类。

除此之外，作者还加入了主动学习的推广功能，让网络自己决定是否需要标签信息。在 GNN 第一层后，对所有无标签样例对应的节点增加一个 softmax 注意力层。这一机制仅在第一层运行，对样本的重要性进行区分，这是为了使当前模型以较少的标记样本数得到较好的表现。

few-shot-gnn 的算法流程图如图 6-1 所示。从图中可以看到，一组图片的特征向量和标签被拼接为二进制向量，然后输入 GNN。

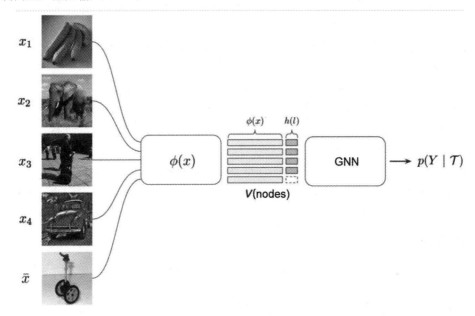

图 6-1　few-shot-gnn 的算法流程图

few-shot-gnn 的 GNN 网络结构如图 6-2 所示。

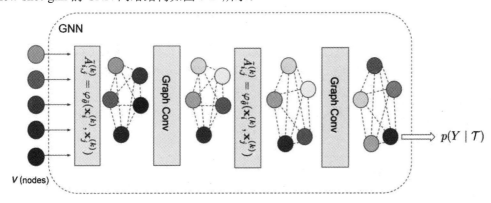

图 6-2　few-shot-gnn 的 GNN 网络结构

从图中可以看到，GNN 网络的输入是一组节点，输出是一个代表分组归属可能性的值。

要运行 few-shot-gnn 的程序实例，首先需要下载 few-shot-gnn 的项目代码，项目网址是

https://github.com/vgsatorras/few-shot-gnn，论文网址是 https://arxiv.org/abs/1711.04043。

1. 问题描述

在这里使用 omniglot 数据集中的图片和标签信息来训练一个基于图神经网络的图像分类模型。omniglot 数据集包含来自 50 个不同字母表的 1623 个字符，每个字符由 20 个不同的人创作。该模型在此数据集的图像分类任务中准确率达到 99.0%。

2. 导入数据集

此项目可以在两个数据集上运行，分别是 mini_imagenet 数据集和 omniglot 数据集，要开始训练，需要至少下载其中一个数据集。

mini_imagenet 数据集包含 60 000 幅图像，需要在 datasets/compressed/mini_imagenet 文件夹下下载 images.zip 文件。

images.zip 文件包含 test.csv、train.csv、val.csv 三个文件和一个 images 文件夹（用于存放图片文件）。test.csv、train.csv、val.csv 三个文件可以从网址 https://github.com/twitter-research/meta-learning-lstm/tree/master/data/miniImagenet 下载获得。图片文件可以从网址 https://drive.google.com/drive/folders/17a09kkqVivZQFggCw9I_YboJ23tcexNM 下载获得。

omniglot 数据集包含 32 460 幅图像，需要在 datasets/compressed/omniglot 文件夹下下载 images_background.zip、images_evaluation.zip 两个文件。这两个文件可以在网址 https://github.com/brendenlake/omniglot/tree/master/python 下载获得。

3. 模型搭建

在开始项目之前，可以设置一个虚拟环境来运行代码，所使用到的代码如下所示：

```
python -m venv env                  #Create a virtual environment
source env/bin/activate             #Activate virtual environment
echo $PWD > env/lib/python3.9.12/site-packages/few-shot-gnn.pth  #Add current
directory to python path
#Work for a while ...
deactivate  #Exit virtual environment
```

如果使用 PyCharm 运行此项目，可以为此项目单独创建虚拟环境，读者可以手动实现这个虚拟环境。本项目所用到的依赖如下所示，经过测试，该项目在此环境下可以稳定运行而无须修改代码。

- torch==1.13.1
- numpy==1.22.4
- pillow==10.0.1

环境搭建好后，就可以通过脚本训练模型了。所使用的代码如下：

```
python main.py
```

这个脚本有几个必须填写的参数，分别说明如下。

- --exp_name: 存放训练后的模型的位置，训练模型存放在 checkpoints\$EXPNAME\models 文件夹下（$EXPNAME 代表参数值）。

- --batch_size: 训练批次大小。默认值为 10。
- --dataset: 训练使用的数据集，只可以填写 mini_imagenet 或 omniglot，默认值为 mini_imagenet。

此外，这个脚本还有一系列可供调整的超参数。

- --batch_size_test: 测试批次大小。默认值为 10。
- --iterations: 训练迭代次数。默认值为 50 000。
- --decay_interval: 学习率衰减间隔。默认值为 10 000。
- --lr: 学习率。默认值为 0.001。
- --dec_lr: 学习率下降所经历的批次数。默认值为 10 000。
- --momentum: 随机梯度下降动量，带动量的 SGD 有助于在正确方向上加速梯度矢量。默认值为 0.5。
- --no-cuda: 是否使用 cudaGPU 计算。默认值为 False。
- --seed: 随机种子。默认值为 1。
- --log-interval: 记录训练状态之前等待的批次数。默认值为 20。
- --save_interval: 存储训练后的模型之前等待的批次数。默认值为 300 000。
- --test_samples: 一次测试所使用的样本数（由于作者的设定，首次测试使用的样本数固定为 100）。默认值为 30 000。
- --test_interval: 每两次执行测试间隔的批次数。由于作者的设定，首次测试发生在第 20 批次，此次测试是固定测试。默认值为 2 000。
- --test_N_way: 每次分类运行的类数。默认值为 5。
- --train_N_way: 每次训练运行的类数。默认值为 5。
- --test_N_shots: 测试次数。默认值为 1。
- --train_N_shots: 训练集的测试次数。默认值为 1。
- --unlabeled_extra: 无标签样本数量（用于执行半监督学习，无标签样本默认是从第一个样本开始计算的，实际样本是全部有标签的）。默认值为 0。
- --active_random: 随机主动学习数。默认值为 0。

除此之外，由于作者的代码原因，要使--test_samples 参数生效，还需要修改 main.py 文件的一个函数，修改后的函数代码如下：

```
def train():
    for batch_idx in range(args.iterations):
    ...
        if (batch_idx + 1) % args.test_interval == 0 or batch_idx == 20:
            if batch_idx == 20:
                test_samples = 100
            else:
                test_samples = args. test_samples
    ...
```

修改后即可通过设置--test_samples 参数来修改测试所使用的样本数。例如，若要在 omniglot 数据集上进行 5-Way 1-shot 的训练，可以如下设置参数：

```
python main.py --exp_name omniglot_N5_S1_U4 --dataset omniglot --test_N_way 5
--train_N_way 5 --train_N_shots 5 --test_N_shots 5 --unlabeled_extra 4 --batch_size
100 --dec_lr=10000 --iterations 150 --log-interval 10 --test_interval 50
--save_interval 50 --test_samplen 3000
```

omniglot 数据集包含来自 50 个不同字母表的 1 623 个字符。每个字母表有单独的文件夹，且文件夹内按照每个字母建立了图像数据集。下面开始对 omniglot 数据集进行预处理，并初始化模型，代码具体如下：

```python
from __future__ import print_function
import os
import argparse
import torch
import torch.nn.functional as F
import torch.optim as optim
from torch.autograd import Variable
from data import generator
from utils import io_utils
import models.models as models
import test
import numpy as np
#参数集类
class args():
    exp_name = 'omniglot_N5_S1_U4'
    batch_size = 100
    batch_size_test = 10
    iterations = 150
    decay_interval = 10000
    lr = 0.001
    momentum = 0.5
    no_cuda = False
    seed = 1
    log_interval = 10
    save_interval = 50
    test_interval = 50
    test_N_way = 5
    train_N_way = 5
    test_N_shots = 5
    train_N_shots = 5
    unlabeled_extra = 4
    metric_network = 'gnn_iclr_nl'
    active_random = 0
```

```
    dataset_root = 'datasets'
    test_samples = 30000
    dataset = 'omniglot'
    dec_lr = 10000
    test_samplen = 3000
    cuda = False
io = io_utils.IOStream('checkpoints/' + 'omniglot_N5_S1_U4' + '/run.log')

args.coda = not False and torch.cuda.is_available()
torch.manual_seed(1)
if args.coda:
    io.cprint('Using GPU : ' + str(torch.cuda.current_device())+' from
'+str(torch.cuda.device_count())+' devices')
    torch.cuda.manual_seed(1)
else:
    io.cprint('Using CPU')

train_loader = generator.Generator('datasets', args, partition='train', dataset=
'omniglot' )
io.cprint('Batch size: '+str(args.batch_size))

#Try to load models
enc_nn = models.load_model('enc_nn', args, io)
metric_nn = models.load_model('metric_nn', args, io)

if enc_nn is None or metric_nn is None:
    enc_nn, metric_nn = models.create_models(args=args)
softmax_module = models.SoftmaxModule()

if ifcuda:
    enc_nn.cuda()
    metric_nn.cuda()

io.cprint(str(enc_nn))
io.cprint(str(metric_nn))

weight_decay = 0
```

其中，参数集类向程序中传入了运行所需的一切参数。执行代码，可以看到数据集和模型的文本信息，如图 6-3 所示。

```
[3]: io = io_utils.IOStream('checkpoints/' + 'omniglot_N5_S1_U4' + '/run.log')

     ifcuda = not False and torch.cuda.is_available()
     torch.manual_seed(1)
     if ifcuda:
         io.cprint('Using GPU : ' + str(torch.cuda.current_device())+' from '+str(torch.cuda.device_count())+' devices')
         torch.cuda.manual_seed(1)
     else:
         io.cprint('Using CPU')

     train_loader = generator.Generator('datasets', args, partition='train', dataset= 'omniglot' )
     io.cprint('Batch size: '+str(args.batch_size))

     #Try to load models
     enc_nn = models.load_model('enc_nn', args, io)
     metric_nn = models.load_model('metric_nn', args, io)

     if enc_nn is None or metric_nn is None:
         enc_nn, metric_nn = models.create_models(args=args)
     softmax_module = models.SoftmaxModule()

     if ifcuda:
         enc_nn.cuda()
         metric_nn.cuda()

     io.cprint(str(enc_nn))
     io.cprint(str(metric_nn))

     weight_decay = 0
```

```
Using CPU
Loading dataset
Num classes before rotations: 20
Dataset Loaded
Num classes after rotations: 80
All classes have 20 samples
Batch size: 100
Loading Parameters from the last trained enc_nn Model
Loading Parameters from the last trained metric_nn Model
EmbeddingOmniglot(
  (conv1): Conv2d(1, 64, kernel_size=(3, 3), stride=(1, 1), padding=(1, 1), bias=False)
  (bn1): BatchNorm2d(64, eps=1e-05, momentum=0.1, affine=True, track_running_stats=True)
  (conv2): Conv2d(64, 64, kernel_size=(3, 3), stride=(1, 1), padding=(1, 1), bias=False)
  (bn2): BatchNorm2d(64, eps=1e-05, momentum=0.1, affine=True, track_running_stats=True)
  (conv3): Conv2d(64, 64, kernel_size=(3, 3), stride=(1, 1), bias=False)
  (bn3): BatchNorm2d(64, eps=1e-05, momentum=0.1, affine=True, track_running_stats=True)
  (conv4): Conv2d(64, 64, kernel_size=(3, 3), stride=(1, 1), bias=False)
  (bn4): BatchNorm2d(64, eps=1e-05, momentum=0.1, affine=True, track_running_stats=True)
  (fc_last): Linear(in_features=576, out_features=64, bias=False)
  (bn_last): BatchNorm1d(64, eps=1e-05, momentum=0.1, affine=True, track_running_stats=True)
)
MetricNN(
  (gnn_obj): GNN_nl_omniglot(
    (layer_w0): Wcompute(
      (conv2d_1): Conv2d(69, 138, kernel_size=(1, 1), stride=(1, 1))
      (bn_1): BatchNorm2d(138, eps=1e-05, momentum=0.1, affine=True, track_running_stats=True)
```

图 6-3   数据集和模型的文本信息

4. 模型训练与测试

接下来定义每个 batch 训练的代码和学习率的调整代码，这样在接下来的训练中可以使用这些代码进行训练。batch 训练代码如下：

```
def train_batch(model, data):
    [enc_nn, metric_nn, softmax_module] = model
    [batch_x, label_x, batches_xi, labels_yi, oracles_yi, hidden_labels] = data

    #根据 x 和 xi_s 计算嵌入值
    z = enc_nn(batch_x)[-1]
    zi_s = [enc_nn(batch_xi)[-1] for batch_xi in batches_xi]

    #根据嵌入计算度量
    out_metric, out_logits = metric_nn(inputs=[z, zi_s, labels_yi, oracles_yi,
hidden_labels])
    logsoft_prob = softmax_module.forward(out_logits)
```

```
#损失
label_x_numpy = label_x.cpu().data.numpy()
formatted_label_x = np.argmax(label_x_numpy, axis=1)
formatted_label_x = Variable(torch.LongTensor(formatted_label_x))
if args.cuda:
    formatted_label_x = formatted_label_x.cuda()
loss = F.nll_loss(logsoft_prob, formatted_label_x)
loss.backward()

return loss
```

学习率的调整代码如下：

```
def adjust_learning_rate(optimizers, lr, iter):
    new_lr = lr * (0.5**(int(iter/args.dec_lr)))

    for optimizer in optimizers:
        for param_group in optimizer.param_groups:
            param_group['lr'] = new_lr
```

最后，根据设置的参数对模型进行训练，这里调用前面的 batch 训练代码，具体代码如下：

```
opt_enc_nn = optim.Adam(enc_nn.parameters(), lr=args.lr,
weight_decay=weight_decay)
opt_metric_nn = optim.Adam(metric_nn.parameters(), lr=args.lr,
weight_decay=weight_decay)

enc_nn.train()
metric_nn.train()
counter = 0
total_loss = 0
val_acc, val_acc_aux = 0, 0
test_acc = 0
for batch_idx in range(args.iterations):

    #####################
    #训练
    #####################
    data = train_loader.get_task_batch(batch_size=args.batch_size,
n_way=args.train_N_way,
                                unlabeled_extra=args.unlabeled_extra,
num_shots=args.train_N_shots,
                                cuda=args.cuda, variable=True)
    [batch_x, label_x, _, _, batches_xi, labels_yi, oracles_yi, hidden_labels] = data

    opt_enc_nn.zero_grad()
    opt_metric_nn.zero_grad()
```

```
    loss_d_metric = train_batch(model=[enc_nn, metric_nn, softmax_module],
                        data=[batch_x, label_x, batches_xi, labels_yi,
oracles_yi, hidden_labels])

    opt_enc_nn.step()
    opt_metric_nn.step()


    adjust_learning_rate(optimizers=[opt_enc_nn, opt_metric_nn], lr=args.lr,
iter=batch_idx)

    ####################
    #信息展示
    ####################
    counter += 1
    total_loss += loss_d_metric.item()
    if batch_idx % args.log_interval == 0:
        display_str = 'Train Iter: {}'.format(batch_idx)
        display_str += '\tLoss_d_metric: {:.6f}'.format(total_loss/counter)
        io.cprint(display_str)
        counter = 0
        total_loss = 0


    ####################
    #测试
    ####################
    if (batch_idx + 1) % args.test_interval == 0 or batch_idx == 20:
        if batch_idx == 20:
            test_samples = 100
        else:
            test_samples = args.test_samplen #3000
        if args.dataset == 'mini_imagenet':
            val_acc_aux = test.test_one_shot(args, model=[enc_nn, metric_nn,
softmax_module],
                                    test_samples=test_samples*5,
partition='val')
            test_acc_aux = test.test_one_shot(args, model=[enc_nn, metric_nn,
softmax_module],
                                    test_samples=test_samples*5,
partition='test')
            test.test_one_shot(args, model=[enc_nn, metric_nn, softmax_module],
                        test_samples=test_samples, partition='train')
        enc_nn.train()
        metric_nn.train()
```

```
    if val_acc_aux is not None and val_acc_aux >= val_acc:
        test_acc = test_acc_aux
        val_acc = val_acc_aux


    if args.dataset == 'mini_imagenet':
        io.cprint("Best test accuracy {:.4f} \n".format(test_acc))

#####################
#保存模型
####################
if (batch_idx + 1) % args.save_interval == 0:
    torch.save(enc_nn, 'checkpoints/%s/models/enc_nn.t7' % args.exp_name)
    torch.save(metric_nn, 'checkpoints/%s/models/metric_nn.t7' %
args.exp_name)
```

#训练后进行测试
```
test.test_one_shot(args, model=[enc_nn, metric_nn, softmax_module],
            test_samples=args.test_samples)
```

执行代码，如图 6-4 所示，可以看到已经开始训练了，并且生成了测试结果。

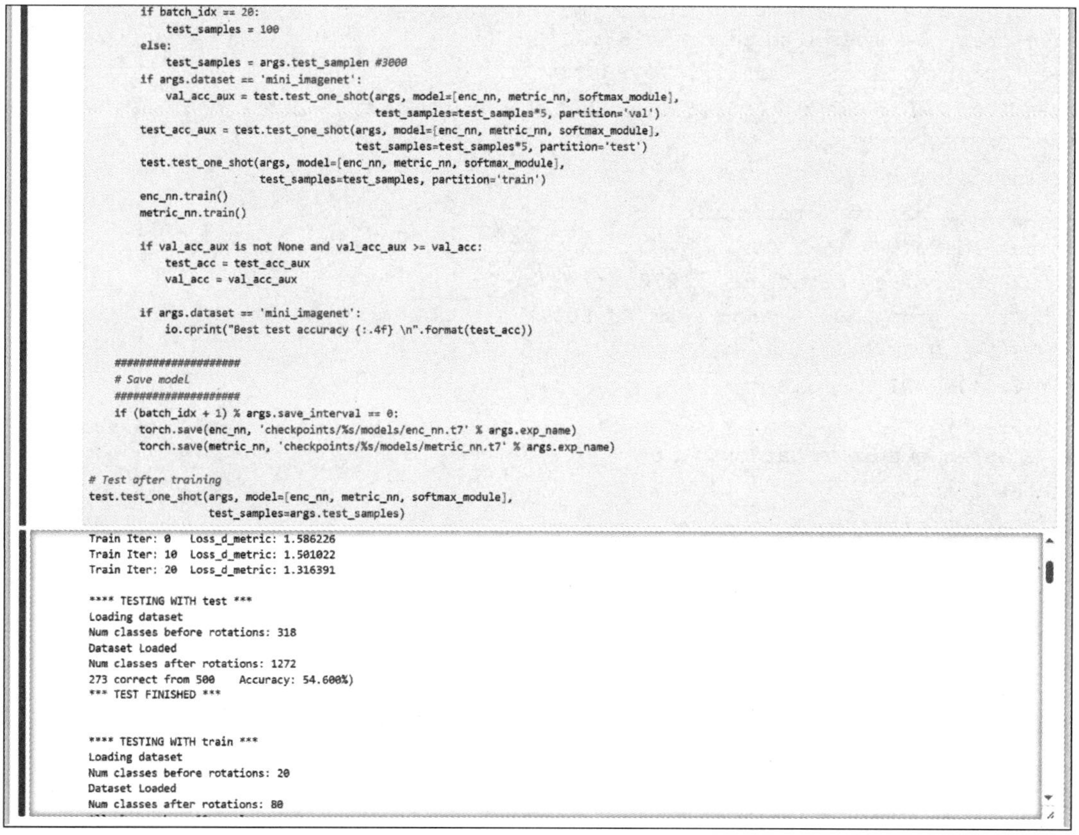

图 6-4　开始训练并生成测试结果

为了快速获得训练结果，可以对 omniglot 数据集进行裁剪，裁剪后的运行结果如下：

```
inflating:
datasets\omniglot\train/images_background/Angelic/character01/0965_01.png
  inflating:
datasets\omniglot\train/images_background/Angelic/character01/0965_02.png
  inflating:
datasets\omniglot\train/images_background/Angelic/character01/0965_03.png
  inflating:
datasets\omniglot\train/images_background/Angelic/character01/0965_04.png
…
Loading dataset
Num classes before rotations: 20
Dataset Loaded
Num classes after rotations: 80
All classes have 20 samples
Batch size: 100
Initiallize new Network Weights for enc_nn
Initiallize new Network Weights for metric_nn
omniglot
…
Train Iter: 0  Loss_d_metric: 1.933420
Train Iter: 10  Loss_d_metric: 1.789887
Train Iter: 20  Loss_d_metric: 1.639253
**** TESTING WITH test ***
Loading dataset
Num classes before rotations: 318
Dataset Loaded
Num classes after rotations: 1272
94 correct from 500    Accuracy: 18.800%)
*** TEST FINISHED ***
**** TESTING WITH train ***
Loading dataset
Num classes before rotations: 20
Dataset Loaded
Num classes after rotations: 80
All classes have 20 samples
16 correct from 100    Accuracy: 16.000%)
*** TEST FINISHED ***
…
Train Iter: 140 Loss_d_metric: 1.598591
**** TESTING WITH test ***
Loading dataset
Num classes before rotations: 318
Dataset Loaded
Num classes after rotations: 1272
348 correct from 1000   Accuracy: 34.800%)
```

```
...
4877 correct from 15000        Accuracy: 32.513%)
*** TEST FINISHED ***
**** TESTING WITH train ***
Loading dataset
Num classes before rotations: 20
Dataset Loaded
Num classes after rotations: 80
All classes have 20 samples
329 correct from 1000    Accuracy: 32.900%)
631 correct from 2000    Accuracy: 31.550%)
947 correct from 3000    Accuracy: 31.567%)
947 correct from 3000    Accuracy: 31.567%)
*** TEST FINISHED ***
**** TESTING WITH test ***
Loading dataset
Num classes before rotations: 318
Dataset Loaded
Num classes after rotations: 1272
324 correct from 1000    Accuracy: 32.400%)
...
9271 correct from 29000        Accuracy: 31.969%)
9567 correct from 30000        Accuracy: 31.890%)
9567 correct from 30000        Accuracy: 31.890%)
*** TEST FINISHED ***
```

在第一次运行时，会先进行解压操作，解压完毕后再次运行则不需要解压。可以看出，经过 150 次迭代，正确率从 18.800% 上升到了 31.890%，且 loss 从 1.933420 下降到了 1.598591，这就证实了模型的有效性。

5. 示例总结

然而，基于端对端的 GNN 的图像分类方法也存在一些缺点，例如：

（1）它需要将整幅图像作为输入，这会消耗大量的计算资源，尤其是对于高分辨率或高维度的图像。

（2）它使用了单一形式的 GNN 变体，不能有效地提取不同维度之间的相关性，导致无法充分改善图像中的噪声和光谱差异的影响。

（3）它忽略了图像的多尺度结构，使用固定大小的像素网格来生成图结构，这可能损失图像的细节信息和语义信息。

（4）它的可扩展性差，不能很好地适应不同的图像任务和场景。

6.1.2　基于区域的图神经网络模型的图像分类

基于区域的图神经网络模型的图像分类是一种利用图神经网络（GNN）来处理图像数据的方法。与基于端到端的图神经网络模型的图像分类不同的是，它不是直接将整幅图像作为一幅图来处理的，而是先将图像分割成若干区域，然后将每个区域作为一幅子图来处理，最后将各幅子图的特征进行融合，从而实现对图像的分类。这种方法的优点是可以减少图的规模，提高 GNN 的效率，同时保留了图像中的局部和全局特征，对于提取到的局部特征还保留了位置信息，提高了分类的准确性和鲁棒性，也方便了一些需要特定位置信息的应用场景。例如，基于区域的图神经网络模型的图像分类可以用于场景理解、目标检测、图像分割等任务。

1. 问题描述

在这里，我们使用 ImageNet 数据集中的图片和标签信息来训练一个基于区域的图神经网络的图像分类模型。imagenet 数据集包含来自 100 多万幅被分类为 1 000 种类别的自然图像。在此数据集上，我们需要使用 GNN 来对图像进行正确分类。

2. 导入数据集

imagenet 数据集可以从网址 https://www.kaggle.com/datasets/akash2sharma/tiny-imagenet/download?datasetVersionNumber=1 下载，下载后把数据集解压到项目所在的盘符下。例如，需要在项目所在的盘符下建立文件夹 X:/path/to/imagenet/。接下来将数据集导入，这是通过创造一个 loader 类实现的，代码如下：

```
##################导入数据集################

train_interpolation = args.train_interpolation
if args.no_aug or not train_interpolation:
    train_interpolation = data_config['interpolation']
loader_train = create_loader(
    dataset_train,
    input_size=data_config['input_size'],
    batch_size=args.batch_size,
    is_training=True,
    use_prefetcher=args.prefetcher,
    no_aug=args.no_aug,
    re_prob=args.reprob,
    re_mode=args.remode,
    re_count=args.recount,
    re_split=args.resplit,
    scale=args.scale,
    ratio=args.ratio,
    hflip=args.hflip,
    vflip=args.vflip,
    color_jitter=args.color_jitter,
    auto_augment=args.aa,
    num_aug_splits=num_aug_splits,
    interpolation=train_interpolation,
    mean=data_config['mean'],
    std=data_config['std'],
    num_workers=args.workers,
```

```
        distributed=args.distributed,
        collate_fn=collate_fn,
        pin_memory=args.pin_mem,
        use_multi_epochs_loader=args.use_multi_epochs_loader,
        repeated_aug=args.repeated_aug
)

eval_dir = os.path.join(args.data, 'val')
if not os.path.isdir(eval_dir):
    eval_dir = os.path.join(args.data, 'validation')
    if not os.path.isdir(eval_dir):
        _logger.error('Validation folder does not exist at: {}'.format(eval_dir))
        exit(1)
dataset_eval = Dataset(eval_dir)

loader_eval = create_loader(
        dataset_eval,
        input_size=data_config['input_size'],
        batch_size=args.validation_batch_size_multiplier * args.batch_size,
        is_training=False,
        use_prefetcher=args.prefetcher,
        interpolation=data_config['interpolation'],
        mean=data_config['mean'],
        std=data_config['std'],
        num_workers=args.workers,
        distributed=args.distributed,
        crop_pct=data_config['crop_pct'],
        pin_memory=args.pin_mem,
)

if args.jsd:
    assert num_aug_splits > 1  #JSD only valid with aug splits set
    train_loss_fn = JsdCrossEntropy(num_splits=num_aug_splits,
smoothing=args.smoothing).cuda()
elif mixup_active:
    #smoothing is handled with mixup target transform
    train_loss_fn = SoftTargetCrossEntropy().cuda()
elif args.smoothing:
    train_loss_fn = LabelSmoothingCrossEntropy(smoothing=args.smoothing).cuda()
else:
    train_loss_fn = nn.CrossEntropyLoss().cuda()
validate_loss_fn = nn.CrossEntropyLoss().cuda()
```

3. 模型搭建（基于 vision GNN）

Han 等提出的 vision GNN 是一种基于区域的图注意力网络模型，这一算法创新地将 GNN 直接用在了特征提取上，从而不再需要借用 CNN 提取的特征来构造图结构。

由于不使用编码的方式处理图片，这带来的首要问题就是图像巨大的数据量，如果将每个像素点视为一个节点，将会为图结构带来海量的节点和连接。于是 Han 等自然地引入了基于区域的方法，将图像切分为许多小区域，这样每个单独的小区域就可以被视作一个编码，从而作为图的节点。而图的边是通过计算每个节点的若干最近的邻居生成的，这里的邻居计算主要是通过小区域的颜色来进行判断的。

接下来，为了让网络的信息开始流通，Han 等使用图卷积层（GCN）来聚合相邻节点的特征，从而在节点之间交换信息。图卷积层是基于图结构的卷积神经网络，它通过局部邻域的加权平均来更新节点的特征表示，从而实现图的特征提取和变换。聚合特征划分为多个头，然后这些头分别用不同的权重进行更新。多头注意力机制使模型能够根据输入的相关性来分配不同的权重，它可以提高模型的表达能力和泛化能力。所有头都可以并行更新，并连接为最终值。多头更新允许模型同时更新多个表示子空间中的信息，这有利于保留特征的多样性，同时增加了模型的容量和稳定性。

GCN 重复使用几个图卷积层来提取图数据的聚合特征，而在深度 GCN 中，连续重复的图卷积层的过度平滑现象会降低节点特征的独特性，导致视觉识别的性能下降。为了缓和这个问题，作者还引入了更多的特征变换和非线性激活函数。作者在图卷积的前后应用一个线性层，将节点特征投射到同一域中，以增加特征多样性。在图形卷积之后插入一个非线性激活函数以避免层崩溃。这种添加了非线性激活的升级的 GCN 称为 Grapher 模块。Grapher 模块可以有效地提高图数据的特征表达能力，同时保持图结构的完整性，从而提高图像分类的准确率和鲁棒性。

为了进一步提高特征转换能力，缓解过度平滑现象，还需要在每个节点上使用前馈神经网络（Feedforward Neural Network，FFN）。FFN 模块是一个简单的多层感知机，有两个全连接的层。在 Grapher 和 FFN 模块中，每一个全连接层或图卷积层之后都要进行批处理归一化，Grapher 模块和 FFN 模块的堆叠构成了一个 ViG 块，这也是构建大网络的基本单元。ViG 块的作用是在保持图结构不变的情况下，对图数据进行更深层次的特征转换和提取，从而增强图数据的表达能力和分类能力。ViG 模块的流程图如图 6-5 所示。

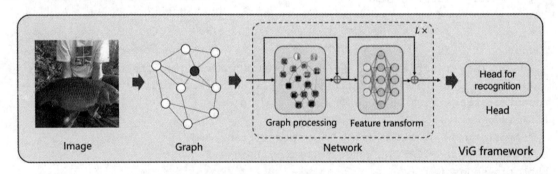

图 6-5 ViG 模块的流程图

为了从不同的角度对图像进行学习，作者构筑了两种 ViG 架构，分别是各向同性架构和金字塔架构。各向同性架构的提取空间大小不变，但随着层数的深入，通过增加构建的图节点的邻居数量的方式逐步扩大感受野，从而获取更加全局的信息。金字塔架构的邻居数量始终不变，但随着层数的深入，提取空间指数变小，由此可以获得图像的多尺度特征。

vision GNN 的项目代码网址是 https://github.com/huawei-noah/Efficient-AI-Backbones/tree/master/vig_pytorch，论文网址是 https://arxiv.org/abs/2206.00272。

在开始项目之前，可以设置一个虚拟环境来运行代码，所使用到的代码如下所示：

```
python -m venv env                  #Create a virtual environment
source env/bin/activate             #Activate virtual environment
pip install -r requirements.txt     #Install dependencies
echo $PWD > env/lib/python3.9/site-packages/visionGNN.pth #Add current directory
to python path
#Work for a while ...
deactivate  #Exit virtual environment
```

当然，如果使用 PyCharm，可以为此项目单独创建虚拟环境，你可以手动实现这个虚拟环境。项目所用到的依赖如下所示，作者在 GitHub 的项目页面做了说明。

- torch==2.0.1
- numpy==1.22.4
- timm==0.3.2
- torchvision==0.15.2
- PyYAML==6.0

环境搭建好后，为了快速获得有效的模型效果，可以下载作者的预训练模型。作者在 GitHub 项目页面添加了预训练模型的链接，这里我们以 Pyramid ViG-S 模型为例，其下载链接是 https://github.com/huawei-noah/Efficient-AI-Backbones/releases/download/pyramid-vig/pvig_s_82.1.pth.tar。

要加载预训练模型，需要在项目所在的盘符下建立文件夹 X:/path/to/pretrained/model/，并将模型文件放在此文件夹内。除此之外，还需要将之前下载的数据集放在指定的目录下，以 imagenet 数据集为例，需要在项目所在的盘符下建立文件夹 X:/path/to/imagenet/。

4. 模型训练与测试

要开始训练，首先需要根据作者的要求传入合适的参数集，并设置相应的训练参数。初始化程序的代码如下：

```
import warnings
warnings.filterwarnings('ignore')
import argparse
import time
import yaml
import os
import logging
from collections import OrderedDict
from contextlib import suppress
from datetime import datetime

import torch
import torch.nn as nn
import torchvision.utils
from torch.nn.parallel import DistributedDataParallel as NativeDDP
```

```
from timm.data import Dataset, resolve_data_config, Mixup, FastCollateMixup,
AugMixDataset #, create_loader
from timm.models import create_model, resume_checkpoint, convert_splitbn_model
from timm.utils import *
from timm.loss import LabelSmoothingCrossEntropy, SoftTargetCrossEntropy,
JsdCrossEntropy
from timm.optim import create_optimizer
from timm.scheduler import create_scheduler
from timm.utils import ApexScaler, NativeScaler

from data.myloader import create_loader
import pyramid_vig
import vig

try:
    from apex import amp
    from apex.parallel import DistributedDataParallel as ApexDDP
    from apex.parallel import convert_syncbn_model
    has_apex = True
except ImportError:
    has_apex = False

has_native_amp = False
try:
    if getattr(torch.cuda.amp, 'autocast') is not None:
        has_native_amp = True
except AttributeError:
    pass

torch.backends.cudnn.benchmark = True
_logger = logging.getLogger('train')

#参数集类
class args():

    config = ''

    #数据集/模型参数
    data = '/path/to/imagenet/'
    model = 'pvig_s_224_gelu'
    pretrained = True
    initial_checkpoint = ''
    resume = ''
    no_resume_opt = False
    prefetcher = False
    num_classes = 1000
```

```
gp = None
img_size = None
crop_pct = None
mean = None
std = None
interpolation = ''
b = 128
batch_size = 128
validation_batch_size_multiplier = 1
repeated_aug = False

#优化参数
opt = 'sgd'
opt_eps = None
opt_betas = None
momentum = 0.9
weight_decay = 0.0001
clip_grad = None

#学习率计划参数
sched = 'step'
lr = 0.01
lr_noise = None
lr_noise_pct = 0.67
lr_noise_std = 1.0
lr_cycle_mul = 1.0
lr_cycle_limit = 1
warmup_lr = 0.0001
min_lr = 1e-5
epochs = 200
start_epoch = None
decay_epochs = 30
warmup_epochs = 3
cooldown_epochs = 10
patience_epochs = 10
decay_rate = 0.1

#增强和正则化参数
no_aug = False
scale = [0.08, 1.0]
ratio = [3./4., 4./3.]
hflip = 0.5
vflip = 0.
color_jitter = 0.4
aa = None
aug_splits = 0
```

```
jsd = False
reprob = 0.
remode = 'const'
recount = 1
resplit = False
mixup = 0.0
cutmix = 0.0
cutmix_minmax = None
mixup_prob = 1.0
mixup_switch_prob = 0.5
mixup_mode = 'batch'
mixup_off_epoch = 0
smoothing = 0.1
train_interpolation = 'random' #训练插值(random, bilinear, bicubic default:
"random")
drop = 0.0
drop_connect = None
drop_path = None
drop_block = None

#批次规范参数（目前仅适用于基于 gen_efficientnet 的模型）
bn_tf = False
bn_momentum = None
bn_eps = None
dist_bn = ''
split_bn = 0

#指数移动平均模型
model_ema = False
model_ema_force_cpu = False
model_ema_decay = 0.9998

#杂项
seed = 42
log_interval = 10
recovery_interval = 0
workers = 4
num_gpu = 1
save_images = False
amp = False
apex_amp = False
native_amp = False
channels_last = False
pin_mem = False
no_prefetcher = False
prefetcher = True
```

```
        output = ''
        eval_metric = 'top1'
        tta = 0
        local_rank = 0
        use_multi_epochs_loader = False

        #华为云参数
        init_method = 'env://'
        train_url = ''

        #新增参数
        attn_ratio = 1.
        pretrain_path = "/path/to/pretrained/model/pvig_s_82.1.pth.tar"
        evaluate = True #whether evaluate the model
        distributed = False

setup_default_logging()

args.prefetcher = not args.no_prefetcher
args.distributed = False
if 'WORLD_SIZE' in os.environ:
    args.distributed = int(os.environ['WORLD_SIZE']) > 1
    if args.distributed and args.num_gpu > 1:
        _logger.warning(
            'Using more than one GPU per process in distributed mode is not
allowed.Setting num_gpu to 1.')
        args.num_gpu = 1

args.device = 'cuda:0'
args.world_size = 1
args.rank = 0  #global rank
if args.distributed:
    args.num_gpu = 0
    args.device = 'cuda:%d' % args.local_rank
    torch.cuda.set_device(args.local_rank)
    args.world_size = int(os.environ['WORLD_SIZE'])
    args.rank = int(os.environ['RANK'])
    torch.distributed.init_process_group(backend='nccl',
init_method=args.init_method, rank=args.rank, world_size=args.world_size)
    args.world_size = torch.distributed.get_world_size()
    args.rank = torch.distributed.get_rank()
assert args.rank >= 0

if args.distributed:
    _logger.info('Training in distributed mode with multiple processes, 1 GPU per
process. Process %d, total %d.'
```

```
                % (args.rank, args.world_size))
else:
    _logger.info('Training with a single process on %d GPUs.' % args.num_gpu)

torch.manual_seed(args.seed + args.rank)

model = create_model(
        args.model,
        pretrained=args.pretrained,
        num_classes=args.num_classes,
        drop_rate=args.drop,
        drop_connect_rate=args.drop_connect,  #DEPRECATED, use drop_path
        drop_path_rate=args.drop_path,
        drop_block_rate=args.drop_block,
        global_pool=args.gp,
        bn_tf=args.bn_tf,
        bn_momentum=args.bn_momentum,
        bn_eps=args.bn_eps,
        checkpoint_path=args.initial_checkpoint)
```

其中，参数集类向程序中传入了运行所需的一切参数。执行代码，可以看到模型初始化的文本信息，如图 6-6 所示。

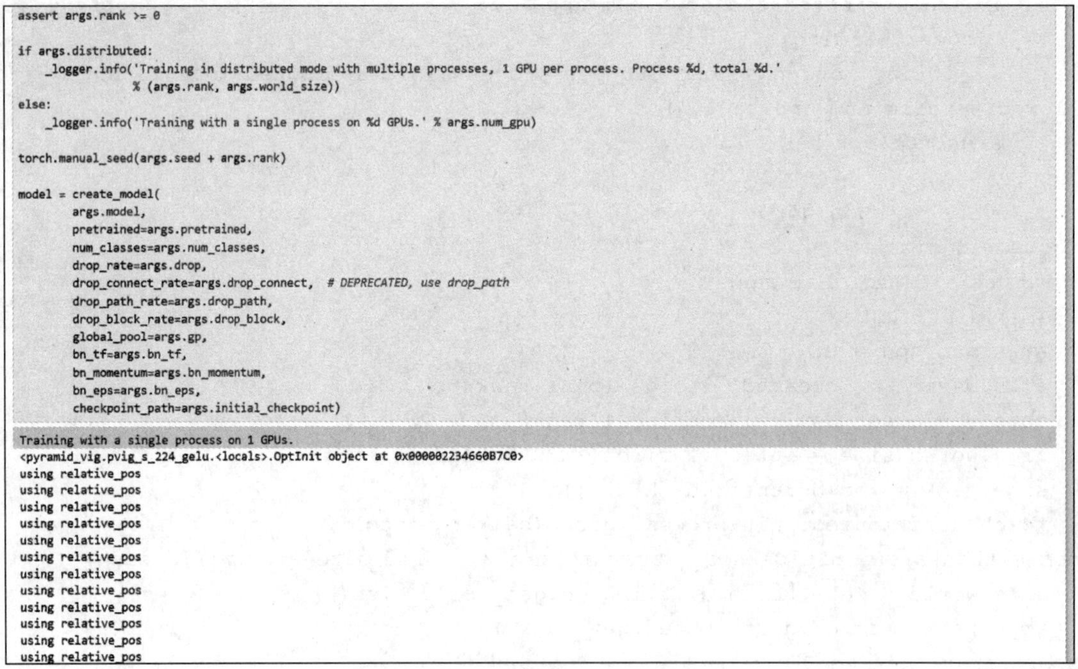

图 6-6　模型初始化的文本信息

PyramidViG-S 预训练模型是一个金字塔形的模型，它的第一层具有 80 维的特征，FFN 中的隐藏维度比是 4，GCN 中的邻居数是 9，每增加一层，特征维度都增加，到最后一层特征维度达到 640。

下面开始导入 PyramidViG-S 预训练模型并计算模型所需的算力，代码具体如下：

```
##################预训练 ############
if args.pretrain_path is not None:
    print('Loading:', args.pretrain_path)
    state_dict = torch.load(args.pretrain_path, map_location=torch.device('cpu'))
    model.load_state_dict(state_dict, strict=False)
    print('Pretrain weights loaded.')
###################模型算力 #################
print(model)
if hasattr(model, 'default_cfg'):
    default_cfg = model.default_cfg
    input_size = [1] + list(default_cfg['input_size'])
else:
    input_size = [1, 3, 224, 224]
input = torch.randn(input_size)#.cuda()

from torchprofile import profile_macs
model.eval()
macs = profile_macs(model, input)
model.train()
print('model flops:', macs, 'input_size:', input_size)
```

执行代码，可以看到模型的文本信息和模型所需算力的输出，如图 6-7 所示。

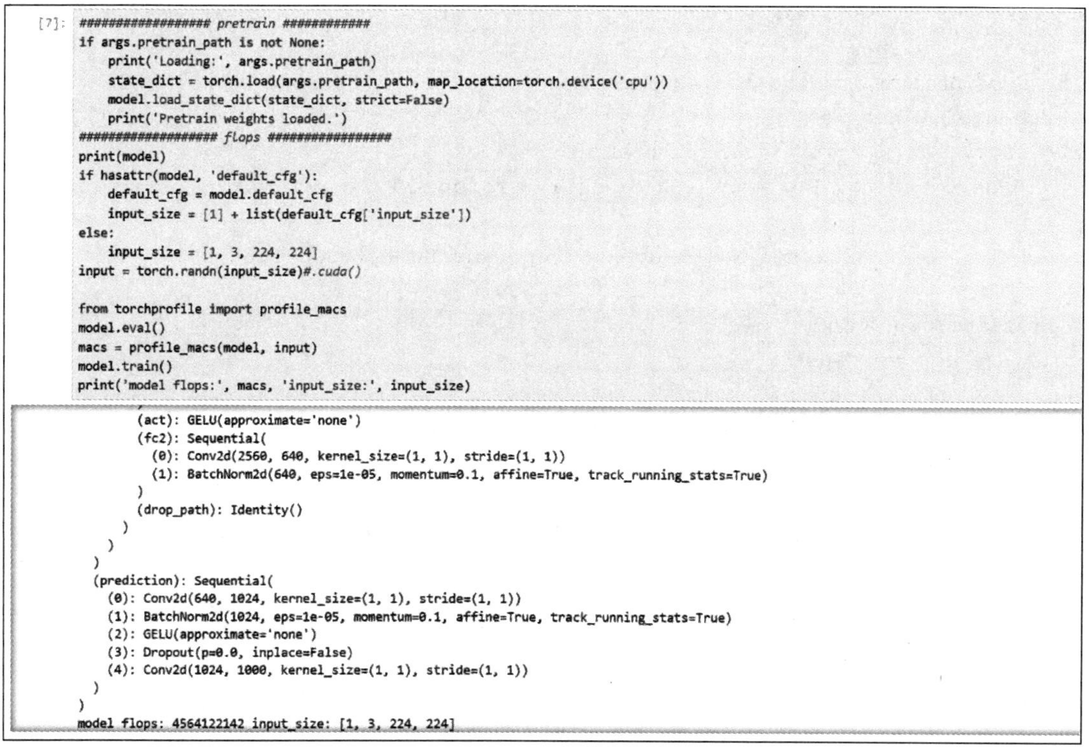

```
[7]: ################## pretrain ############
     if args.pretrain_path is not None:
         print('Loading:', args.pretrain_path)
         state_dict = torch.load(args.pretrain_path, map_location=torch.device('cpu'))
         model.load_state_dict(state_dict, strict=False)
         print('Pretrain weights loaded.')
     ################### flops #################
     print(model)
     if hasattr(model, 'default_cfg'):
         default_cfg = model.default_cfg
         input_size = [1] + list(default_cfg['input_size'])
     else:
         input_size = [1, 3, 224, 224]
     input = torch.randn(input_size)#.cuda()

     from torchprofile import profile_macs
     model.eval()
     macs = profile_macs(model, input)
     model.train()
     print('model flops:', macs, 'input_size:', input_size)

             (act): GELU(approximate='none')
             (fc2): Sequential(
               (0): Conv2d(2560, 640, kernel_size=(1, 1), stride=(1, 1))
               (1): BatchNorm2d(640, eps=1e-05, momentum=0.1, affine=True, track_running_stats=True)
             )
             (drop_path): Identity()
           )
         )
       )
       (prediction): Sequential(
         (0): Conv2d(640, 1024, kernel_size=(1, 1), stride=(1, 1))
         (1): BatchNorm2d(1024, eps=1e-05, momentum=0.1, affine=True, track_running_stats=True)
         (2): GELU(approximate='none')
         (3): Dropout(p=0.0, inplace=False)
         (4): Conv2d(1024, 1000, kernel_size=(1, 1), stride=(1, 1))
       )
     )
     model flops: 4564122142 input_size: [1, 3, 224, 224]
```

图 6-7　模型的文本信息和模型所需算力

接下来初始化训练参数，根据之前在参数集中设置的参数，执行如下代码：

```python
if args.local_rank == 0:
    _logger.info('Model %s created, param count: %d' %
                 (args.model, sum([m.numel() for m in model.parameters()])))

data_config = resolve_data_config(vars(args), model=model, verbose=args.local_rank
== 0)

num_aug_splits = 0
if args.aug_splits > 0:
    assert args.aug_splits > 1, 'A split of 1 makes no sense'
    num_aug_splits = args.aug_splits

if args.split_bn:
    assert num_aug_splits > 1 or args.resplit
    model = convert_splitbn_model(model, max(num_aug_splits, 2))

use_amp = None
if args.amp:
    if has_apex:
        args.apex_amp = True
    elif has_native_amp:
        args.native_amp = True
if args.apex_amp and has_apex:
    use_amp = 'apex'
elif args.native_amp and has_native_amp:
    use_amp = 'native'
elif args.apex_amp or args.native_amp:
    _logger.warning("Neither APEX or native Torch AMP is available, using float32.
"
                    "Install NVIDA apex or upgrade to PyTorch 1.6")

if args.num_gpu > 1:
    if use_amp == 'apex':
        _logger.warning(
            'Apex AMP does not work well with nn.DataParallel, disabling. Use DDP or
Torch AMP.')
        use_amp = None
    model = nn.DataParallel(model, device_ids=list(range(args.num_gpu))).cuda()
    assert not args.channels_last, "Channels last not supported with DP, use DDP."
else:
    model = nn.DataParallel(model)
    if args.channels_last:
        model = model.to(memory_format=torch.channels_last)

optimizer = create_optimizer(args, model)
```

```
amp_autocast = suppress  #do nothing
loss_scaler = None
if use_amp == 'apex':
    model, optimizer = amp.initialize(model, optimizer, opt_level='O1')
    loss_scaler = ApexScaler()
    if args.local_rank == 0:
        _logger.info('Using NVIDIA APEX AMP. Training in mixed precision.')
elif use_amp == 'native':
    amp_autocast = torch.cuda.amp.autocast
    loss_scaler = NativeScaler()
    if args.local_rank == 0:
        _logger.info('Using native Torch AMP. Training in mixed precision.')
else:
    if args.local_rank == 0:
        _logger.info('AMP not enabled. Training in float32.')

#optionally resume from a checkpoint
resume_epoch = None
if args.resume:
    resume_epoch = resume_checkpoint(
        model, args.resume,
        optimizer=None if args.no_resume_opt else optimizer,
        loss_scaler=None if args.no_resume_opt else loss_scaler,
        log_info=args.local_rank == 0)

model_ema = None
if args.model_ema:
    #Important to create EMA model after cuda(), DP wrapper, and AMP but before SyncBN
and DDP wrapper
    model_ema = ModelEma(
        model,
        decay=args.model_ema_decay,
        device='cpu' if args.model_ema_force_cpu else '',
        resume=args.resume)

if args.distributed:
    if args.sync_bn:
        assert not args.split_bn
        try:
            if has_apex and use_amp != 'native':
                #Apex SyncBN preferred unless native amp is activated
                model = convert_syncbn_model(model)
            else:
                model = torch.nn.SyncBatchNorm.convert_sync_batchnorm(model)
            if args.local_rank == 0:
```

```
            _logger.info(
                'Converted model to use Synchronized BatchNorm. WARNING: You may
have issues if using '
                'zero initialized BN layers (enabled by default for ResNets) while
sync-bn enabled.')
        except Exception as e:
            _logger.error('Failed to enable Synchronized BatchNorm. Install Apex or
Torch >= 1.1')
    if has_apex and use_amp != 'native':
        #Apex DDP preferred unless native amp is activated
        if args.local_rank == 0:
            _logger.info("Using NVIDIA APEX DistributedDataParallel.")
        model = ApexDDP(model, delay_allreduce=True)
    else:
        if args.local_rank == 0:
            _logger.info("Using native Torch DistributedDataParallel.")
        model = NativeDDP(model, device_ids=[args.local_rank])  #can use device str
in Torch >= 1.1
    #NOTE: EMA model does not need to be wrapped by DDP

lr_scheduler, num_epochs = create_scheduler(args, optimizer)
start_epoch = 0
if args.start_epoch is not None:
    #a specified start_epoch will always override the resume epoch
    start_epoch = args.start_epoch
elif resume_epoch is not None:
    start_epoch = resume_epoch
if lr_scheduler is not None and start_epoch > 0:
    lr_scheduler.step(start_epoch)

if args.local_rank == 0:
    _logger.info('Scheduled epochs: {}'.format(num_epochs))

train_dir = os.path.join(args.data, 'train')
if not os.path.exists(train_dir):
    _logger.error('Training folder does not exist at: {}'.format(train_dir))
    exit(1)
dataset_train = Dataset(train_dir)

collate_fn = None
mixup_fn = None
mixup_active = args.mixup > 0 or args.cutmix > 0. or args.cutmix_minmax is not None
if mixup_active:
    mixup_args = dict(
        mixup_alpha=args.mixup, cutmix_alpha=args.cutmix,
cutmix_minmax=args.cutmix_minmax,
```

```
      prob=args.mixup_prob, switch_prob=args.mixup_switch_prob,
mode=args.mixup_mode,
      label_smoothing=args.smoothing, num_classes=args.num_classes)
   if args.prefetcher:
      assert not num_aug_splits  #collate conflict (need to support deinterleaving
in collate mixup)
      collate_fn = FastCollateMixup(**mixup_args)
   else:
      mixup_fn = Mixup(**mixup_args)

if num_aug_splits > 1:
   dataset_train = AugMixDataset(dataset_train, num_splits=num_aug_splits)
```

执行代码，可以看到训练的参数信息输出，如图 6-8 所示。

```
mixup_active = args.mixup > 0 or args.cutmix > 0. or args.cutmix_minmax is not None
if mixup_active:
    mixup_args = dict(
        mixup_alpha=args.mixup, cutmix_alpha=args.cutmix, cutmix_minmax=args.cutmix_minmax,
        prob=args.mixup_prob, switch_prob=args.mixup_switch_prob, mode=args.mixup_mode,
        label_smoothing=args.smoothing, num_classes=args.num_classes)
    if args.prefetcher:
        assert not num_aug_splits  # collate conflict (need to support deinterleaving in collate mixup)
        collate_fn = FastCollateMixup(**mixup_args)
    else:
        mixup_fn = Mixup(**mixup_args)

if num_aug_splits > 1:
    dataset_train = AugMixDataset(dataset_train, num_splits=num_aug_splits)

Model pvig_s_224_gelu created, param count: 29023850
Data processing configuration for current model + dataset:
        input_size: (3, 224, 224)
        interpolation: bicubic
        mean: (0.485, 0.456, 0.406)
        std: (0.229, 0.224, 0.225)
        crop_pct: 0.875
AMP not enabled. Training in float32.
Scheduled epochs: 200
```

图 6-8　训练的参数信息

定义训练和测试时使用的测试类函数，在类中加入所使用的测试标准和代码，这样在接下来的训练中可以使用这些代码进行测试。测试类具体代码如下：

```
def validate(model, loader, loss_fn, args, amp_autocast=suppress, log_suffix=''):
   batch_time_m = AverageMeter()
   losses_m = AverageMeter()
   top1_m = AverageMeter()
   top5_m = AverageMeter()

   model.eval()

   end = time.time()
   last_idx = len(loader) - 1
   with torch.no_grad():
      for batch_idx, (input, target) in enumerate(loader):
```

```
        last_batch = batch_idx == last_idx
        if not args.prefetcher:
            input = input.cuda()
            target = target.cuda()
        if args.channels_last:
            input = input.contiguous(memory_format=torch.channels_last)

        with amp_autocast():
            output = model(input)
        if isinstance(output, (tuple, list)):
            output = output[0]

        #augmentation reduction
        reduce_factor = args.tta
        if reduce_factor > 1:
            output = output.unfold(0, reduce_factor, reduce_factor).mean(dim=2)
            target = target[0:target.size(0):reduce_factor]

        loss = loss_fn(output, target)
        acc1, acc5 = accuracy(output, target, topk=(1, 5))

        if args.distributed:
            reduced_loss = reduce_tensor(loss.data, args.world_size)
            acc1 = reduce_tensor(acc1, args.world_size)
            acc5 = reduce_tensor(acc5, args.world_size)
        else:
            reduced_loss = loss.data

        #torch.cuda.synchronize()

        losses_m.update(reduced_loss.item(), input.size(0))
        top1_m.update(acc1.item(), output.size(0))
        top5_m.update(acc5.item(), output.size(0))

        batch_time_m.update(time.time() - end)
        end = time.time()
        if args.local_rank == 0 and (last_batch or batch_idx % args.log_interval
== 0):
            log_name = 'Test' + log_suffix
            _logger.info(
                '{0}: [{1:>4d}/{2}] '
                'Time: {batch_time.val:.3f} ({batch_time.avg:.3f}) '
                'Loss: {loss.val:>7.4f} ({loss.avg:>6.4f}) '
                'Acc@1: {top1.val:>7.4f} ({top1.avg:>7.4f}) '
                'Acc@5: {top5.val:>7.4f} ({top5.avg:>7.4f})'.format(
                    log_name, batch_idx, last_idx, batch_time=batch_time_m,
```

```
                loss=losses_m, top1=top1_m, top5=top5_m))

    metrics = OrderedDict([('loss', losses_m.avg), ('top1', top1_m.avg), ('top5',
top5_m.avg)])

    return metrics
```

最后，开始执行预训练模型的测试任务，执行代码如下：

```
####################测试 ##################
if args.evaluate:
    eval_metrics = validate(model, loader_eval, validate_loss_fn, args,
amp_autocast=amp_autocast)
    print(eval_metrics)
```

执行代码，需要消耗大量内存并运行一段时间，然后可以看到预训练模型的测试结果输出，如图 6-9 所示。

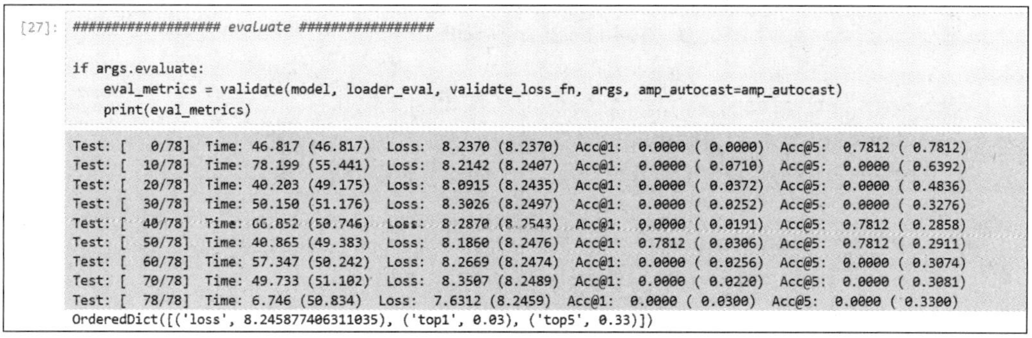

```
[27]: #################### evaluate ##################

      if args.evaluate:
          eval_metrics = validate(model, loader_eval, validate_loss_fn, args, amp_autocast=amp_autocast)
          print(eval_metrics)

      Test: [  0/78]  Time: 46.817 (46.817)  Loss:  8.2370 (8.2370)  Acc@1:  0.0000 ( 0.0000)  Acc@5:  0.7812 ( 0.7812)
      Test: [ 10/78]  Time: 78.199 (55.441)  Loss:  8.2142 (8.2407)  Acc@1:  0.0000 ( 0.0710)  Acc@5:  0.0000 ( 0.6392)
      Test: [ 20/78]  Time: 40.203 (49.175)  Loss:  8.0915 (8.2435)  Acc@1:  0.0000 ( 0.0372)  Acc@5:  0.0000 ( 0.4836)
      Test: [ 30/78]  Time: 50.150 (51.176)  Loss:  8.3026 (8.2497)  Acc@1:  0.0000 ( 0.0252)  Acc@5:  0.0000 ( 0.3276)
      Test: [ 40/78]  Time: 66.852 (50.746)  Loss:  8.2870 (8.2543)  Acc@1:  0.0000 ( 0.0191)  Acc@5:  0.7812 ( 0.2858)
      Test: [ 50/78]  Time: 40.865 (49.383)  Loss:  8.1860 (8.2476)  Acc@1:  0.7812 ( 0.0306)  Acc@5:  0.7812 ( 0.2911)
      Test: [ 60/78]  Time: 57.347 (50.242)  Loss:  8.2669 (8.2474)  Acc@1:  0.0000 ( 0.0256)  Acc@5:  0.0000 ( 0.3074)
      Test: [ 70/78]  Time: 49.733 (51.102)  Loss:  8.3507 (8.2489)  Acc@1:  0.0000 ( 0.0220)  Acc@5:  0.0000 ( 0.3081)
      Test: [ 78/78]  Time: 6.746 (50.834)  Loss:  7.6312 (8.2459)  Acc@1:  0.0000 ( 0.0300)  Acc@5:  0.0000 ( 0.3300)
      OrderedDict([('loss', 8.245877406311035), ('top1', 0.03), ('top5', 0.33)])
```

图 6-9　预训练模型的测试结果

可以看出，在测试结果中，模型第一（top1）推荐的正确率为 3%，模型前五（top5）推荐的正确率为 33%。

定义训练时使用的训练类函数，这样在接下来的训练中可以使用这些代码进行训练。训练类具体代码如下：

```
def train_epoch(
        epoch, model, loader, optimizer, loss_fn, args,
        lr_scheduler=None, saver=None, output_dir='', amp_autocast=suppress,
        loss_scaler=None, model_ema=None, mixup_fn=None):

    if args.mixup_off_epoch and epoch >= args.mixup_off_epoch:
        if args.prefetcher and loader.mixup_enabled:
            loader.mixup_enabled = False
        elif mixup_fn is not None:
            mixup_fn.mixup_enabled = False

    second_order = hasattr(optimizer, 'is_second_order') and
optimizer.is_second_order
```

```
    batch_time_m = AverageMeter()
    data_time_m = AverageMeter()
    losses_m = AverageMeter()

    model.train()

    end = time.time()
    last_idx = len(loader) - 1
    num_updates = epoch * len(loader)
    for batch_idx, (input, target) in enumerate(loader):
        last_batch = batch_idx == last_idx
        data_time_m.update(time.time() - end)
        if not args.prefetcher:
            input, target = input.cuda(), target.cuda()
            if mixup_fn is not None:
                input, target = mixup_fn(input, target)
        if args.channels_last:
            input = input.contiguous(memory_format=torch.channels_last)

        with amp_autocast():
            output = model(input)
            loss = loss_fn(output, target)

        if not args.distributed:
            losses_m.update(loss.item(), input.size(0))

        optimizer.zero_grad()
        if loss_scaler is not None:
            loss_scaler(
                loss, optimizer, clip_grad=args.clip_grad,
parameters=model.parameters(), create_graph=second_order)
        else:
            loss.backward(create_graph=second_order)
            if args.clip_grad is not None:
                torch.nn.utils.clip_grad_norm_(model.parameters(), args.clip_grad)
            optimizer.step()

        torch.cuda.synchronize()
        if model_ema is not None:
            model_ema.update(model)
        num_updates += 1

        batch_time_m.update(time.time() - end)
        if last_batch or batch_idx % args.log_interval == 0:
            lrl = [param_group['lr'] for param_group in optimizer.param_groups]
            lr = sum(lrl) / len(lrl)
```

```
            if args.distributed:
                reduced_loss = reduce_tensor(loss.data, args.world_size)
                losses_m.update(reduced_loss.item(), input.size(0))

            if args.local_rank == 0:
                _logger.info(
                    'Train: {} [{:>4d}/{} ({:>3.0f}%)] '
                    'Loss: {loss.val:>9.6f} ({loss.avg:>6.4f}) '
                    'Time: {batch_time.val:.3f}s, {rate:>7.2f}/s '
                    '({batch_time.avg:.3f}s, {rate_avg:>7.2f}/s) '
                    'LR: {lr:.3e} '
                    'Data: {data_time.val:.3f} ({data_time.avg:.3f})'.format(
                        epoch,
                        batch_idx, len(loader),
                        100. * batch_idx / last_idx,
                        loss=losses_m,
                        batch_time=batch_time_m,
                        rate=input.size(0) * args.world_size / batch_time_m.val,
                        rate_avg=input.size(0) * args.world_size / batch_time_m.avg,
                        lr=lr,
                        data_time=data_time_m))

                if args.save_images and output_dir:
                    torchvision.utils.save_image(
                        input,
                        os.path.join(output_dir, 'train-batch-%d.jpg' % batch_idx),
                        padding=0,
                        normalize=True)

        if saver is not None and args.recovery_interval and (
                last_batch or (batch_idx + 1) % args.recovery_interval == 0):
            saver.save_recovery(epoch, batch_idx=batch_idx)

        if lr_scheduler is not None:
            lr_scheduler.step_update(num_updates=num_updates, metric=losses_m.avg)

        end = time.time()

    if hasattr(optimizer, 'sync_lookahead'):
        optimizer.sync_lookahead()

    return OrderedDict([('loss', losses_m.avg)])
```

接下来，开始使用训练类对模型进行训练，这里每个 batch 调用前面写的训练类代码具体如下：

\#\#\#\#\#\#\#\#\#\#\#\#\#\#\#\#\#\#\#训练参数 \#\#\#\#\#\#\#\#\#\#\#\#\#\#\#\#

```
    eval_metric = args.eval_metric
    best_metric = None
    best_epoch = None
    saver = None
    output_dir = ''
    if args.local_rank == 0:
        output_base = args.output if args.output else './output'
        exp_name = '-'.join([
            datetime.now().strftime("%Y%m%d-%H%M%S"),
            args.model,
            str(data_config['input_size'][-1])
        ])
        output_dir = get_outdir(output_base, 'train', exp_name)
        decreasing = True if eval_metric == 'loss' else False
        saver = CheckpointSaver(
            model=model, optimizer=optimizer, args=args, model_ema=model_ema,
amp_scaler=loss_scaler,
            checkpoint_dir=output_dir, recovery_dir=output_dir,
decreasing=decreasing)
        with open(os.path.join(output_dir, 'args.yaml'), 'w') as f:
            f.write(args_text)

    ###################训练 #################
    try:
        for epoch in range(start_epoch, num_epochs):
            if args.distributed:
                loader_train.sampler.set_epoch(epoch)

            train_metrics = train_epoch(
                epoch, model, loader_train, optimizer, train_loss_fn, args,
                lr_scheduler=lr_scheduler, saver=saver, output_dir=output_dir,
                amp_autocast=amp_autocast, loss_scaler=loss_scaler,
model_ema=model_ema, mixup_fn=mixup_fn)

            if args.distributed and args.dist_bn in ('broadcast', 'reduce'):
                if args.local_rank == 0:
                    _logger.info("Distributing BatchNorm running means and vars")
                distribute_bn(model, args.world_size, args.dist_bn == 'reduce')

            eval_metrics = validate(model, loader_eval, validate_loss_fn, args,
amp_autocast=amp_autocast)

            if model_ema is not None and not args.model_ema_force_cpu:
                if args.distributed and args.dist_bn in ('broadcast', 'reduce'):
                    distribute_bn(model_ema, args.world_size, args.dist_bn ==
'reduce')
```

```
        ema_eval_metrics = validate(
            model_ema.ema, loader_eval, validate_loss_fn, args,
amp_autocast=amp_autocast, log_suffix=' (EMA)')
        eval_metrics = ema_eval_metrics

    if lr_scheduler is not None:
    #step LR for next epoch
    lr_scheduler.step(epoch + 1, eval_metrics[eval_metric])

    update_summary(
        epoch, train_metrics, eval_metrics, os.path.join(output_dir,
'summary.csv'),
        write_header=best_metric is None)

    if saver is not None:
        #save proper checkpoint with eval metric
        save_metric = eval_metrics[eval_metric]
        best_metric, best_epoch = saver.save_checkpoint(epoch,
metric=save_metric)

except KeyboardInterrupt:
    pass
if best_metric is not None:
    _logger.info('*** Best metric: {0} (epoch {1})'.format(best_metric,
best_epoch))
```

此外，还可以通过脚本对模型进行训练，可以运行代码：

```
python -m torch.distributed.launch --nproc_per_node=8 train.py /path/to/imagenet/
--model pvig_s_224_gelu --sched cosine --epochs 300 --opt adamw -j 8 --warmup-lr
1e-6 --mixup .8 --cutmix 1.0 --model-ema --model-ema-decay 0.99996 --aa
rand-m9-mstd0.5-inc1 --color-jitter 0.4 --warmup-epochs 20 --opt-eps 1e-8
--repeated-aug --remode pixel --reprob 0.25 --amp --lr 2e-3 --weight-decay .05 --drop
0 --drop-path .1 -b 128 --output /path/to/save/models/
```

此代码中包含一些超参数，在这里摘录部分算法相关超参数的说明。

- --data：数据集所在地址。默认值为/path/to/imagenet/。
- --model：模型类型。只可以输入作者给定的模型类型（pvig_ti_224_gelu、pvig_s_224_gelu、pvig_m_224_gelu、pvig_b_224_gelu、vig_ti_224_gelu、vig_s_224_gelu、vig_b_224_gelu）。默认值为 pvig_s_224_gelu。
- --pretrained：是否从一个已经预训练过的模型开始训练。默认值为 False。
- --num-classes：标签种类数。默认值为 1 000。
- --b：批次大小。默认值为 32。
- --vb：验证批次与训练批次之比。默认值为 1。
- --sched：LR 调度器。默认值为 step。

- --epochs: 训练批次数。默认值为 200。
- --opt: 优化器。默认值为 sgd。
- --warmup-lr: 预热学习率。默认值为 0.0001。
- --mixup: 混合比例。默认值为 0.0。
- --cutmix: 剪切混合比例。默认值为 0.0。
- --model-ema: 启用跟踪模型权重的移动平均值。默认值为 False。
- --model-ema-decay: 模型加权移动平均的衰减系数。默认值为 0.99998。
- --warmup-epochs: 预热批次数。默认值为 3。
- --lr: 学习率。默认值为 0.01。
- --output: 训练模型存放目录。

5. 模型搭建（基于 SR-GNN）

Bera 等提出的 SR-GNN 是一种基于区域的、具有空间感知的图注意力细粒度图像分类网络模型，此算法引入了一种具有消息传递机制的关系感知空间图，使其能够更有效地捕捉图像区域之间的空间关系。

训练图像分类器实际上就是训练一个输入为图像和标签，然后输出预测与真实标签匹配结果的端到端深度网络，Bera 等在其中引入了两个主要组件来捕捉图像中的细粒度变化：关系感知特征选择和转换组件、注意力上下文建模组件。

为了实现对图像的细粒度感知，首先要对图像中的不同区域分别建立局部感知。这样可以提高图像的语义信息和细节信息，从而更好地理解图像的内容和结构。Bera 等提出了一种基于 CNN 和 HOG 的方法来获取图像的局部特征和区域建议。他们使用轻量级 Xception 来获取图像的 CNN 特征，这是一种基于深度可分离卷积的网络结构，可以在保持高性能的同时减少计算量和参数量。然后，他们通过对 HOG 计算中的单元和块进行上采样，以辅助生成精确的区域建议。HOG 计算在此过程中捕捉了图像的边缘和纹理信息。区域建议给出若干可能的区域，这样，通过不同的特征向量表示各区域，就可以实现可微分的图像变换。这就可以通过梯度下降的优化方法来调整图像的变换参数，从而达到最优的效果。

关系感知特征选择和转换是收集区域内和区域间信息的机制。这是一种利用图神经网络（GNN）来提高图像分类性能的方法。使用区域来表示图像的基本目的是：通过在区域之间传播信息来描述其视觉空间关系，从而捕捉它们之间的细微变化。GNN 可以通过将消息从一个区域传播到图中其连接的邻居，来学习和推理视觉空间关系。其中，节点是区域的视觉表示，边是不同区域间的相关程度。这样，每个节点都可以融合自身的特征和邻居的特征，从而增强其表达能力。GNN 消息传递算法被限制在较小的邻域内，原因是：一方面，如果使用了太多层，则通过平均的聚合会导致过度平滑，从而失去对局部邻域的关注；另一方面，较大的邻域显著增加了学习参数的深度和数量，因为全局的聚合方案在每一层中都使用可学习权重矩阵。为了解决这些问题，Bera 等采用近似个性化神经预测传播（Approximate Personalized Propagation of Neural Prediction，APPNP）消息传递算法。这是一种基于 PageRank 的算法，可以在不增加参数的情况下将节点的特征传播到全局范围内，从而实现更好的分类性能。每个节点都将一个图像区域转换为特征向量，然后通过门控注意力池将所有节点的特征聚合到单个图像级描述符中，这个描述符也就代表了这幅图像的分类依据。门控注意力池的工作原理是，通过软注意力机制来决定哪些区域和当前的完整图像的任务更有关联，从而提升它们的权重。这样，可以有效地过滤掉无关的或有噪声的区域，以提高图像的表达能力。

注意力上下文建模是评价图像级描述符强度的机制。这一方法基于自注意力机制中的注意力矩阵。通过注意力计算可以生成一个上下文向量，从而使模型尽量关注更相关的区域而产生整体的上下文信息。注意力驱动的上下文向量通过判断图像级描述符自身及其邻域的关联推断出图像级描述符的强度，最后通过一个 Softmax 层产生图像的类别概率。

SR-GNN 的算法流程图如图 6-10 所示。

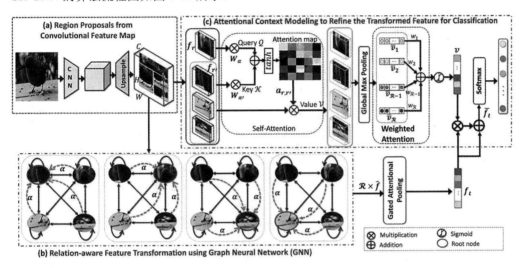

图 6-10　SR-GNN 的算法流程图

图 6-10 说明如下。

（a）：使用区域从 CNN 中提取特征。

（b）：消息传播使用 GNN 和门控注意力池产生最终的转换特征。

（c）：使用上下文向量特征，然后通过 Softmax 层进行分类。

SR-GNN 的项目代码网址是：https://github.com/ArdhenduBehera/SR-GNN，论文网址是 https://arxiv.org/abs/2209.02109。

我们可以设置一个虚拟环境来运行项目代码，所使用的代码如下所示：

```
python -m venv env                #Create a virtual environment
source env/bin/activate           #Activate virtual environment
pip install -r requirements.txt   #Install dependencies
echo $PWD > env/lib/python3.9/site-packages/SRGNN.pth  #Add current directory to
python path
#Work for a while ...
deactivate  #Exit virtual environment
```

当然，如果使用 PyCharm，可以为此项目单独创建虚拟环境，你可以手动实现这个虚拟环境。项目所用到的依赖如下所示，作者在 GitHub 的项目页面做了说明。

● PyYAML==6.0.1

● numpy==1.26.2

- tensorflow==2.14.0
- tensorflow-gpu==2.10.0
- spektral==1.2.0
- matplotlib==3.8.1
- opencv-python==4.6.0.66
- keras==2.10.0
- scikit-learn==1.3.2

6. 模型训练与测试

为了快速有效地获得训练效果，可以下载作者的预训练模型，网址是 https://github.com/ArdhenduBehera/SR-GNN/blob/main/TrainedModels/download_link.md。

此外，要开始训练，还需要下载数据集，需要注意数据集解压后的格式符合作者的描述。

接下来，可以使用下面的代码开始训练：

```
python ./script/main.py dataset_dir ./datasets/flowers nb_classes 102 gpu_id -1
batch_size 10 epochs 25 validation_freq 2 model_name srgnn
```

作者在这里给出了众多超参数设置，这里摘录部分参数说明。

- nb_classes: 数据集的总类别数。
- image_size: 单幅图像处理后的输入大小，默认为[224,224]。
- dataset_dir: 数据集所在的地址。
- gpu_id: 训练使用的 GPUid，使用 CPU 则填-1。
- batch_size: 批次大小。
- learning_rate: 学习率。
- model_name: 模型名称。
- checkpoint_path: 预训练模型的地址。
- completed_epochs: 已完成的批次数。
- validation_freq: 执行检验的频率。

可以直接从控制台输入这些超参数的值，也可以修改 config.yaml 文件来修改这些参数的默认值。

上面那条代码的训练结果如下：

```
Found 3670 images for 102 classes.
Epoch 1/25
367/367 [==============================] - 1652s 4s/step - batch: 183.0000 - size:
10.0000 - loss: 2.1936 - acc: 0.2060
Epoch 2/25
367/367 [==============================] - 1640s 4s/step - batch: 183.0000 - size:
10.0000 - loss: 2.1472 - acc: 0.2054
…
Epoch 23/25
367/367 [==============================] - 917s 2s/step - batch: 183.0000 - size:
10.0000 - loss: 2.0793 - acc: 0.2057
```

```
Epoch 24/25
367/367 [==============================] - 917s 2s/step - batch: 183.0000 - size:
10.0000 - loss: 2.0357 - acc: 0.2095
Epoch 25/25
367/367 [==============================] - 918s 3s/step - batch: 183.0000 - size:
10.0000 - loss: 2.0890 - acc: 0.1967
```

可以看出，随着训练批次增加，loss 逐渐下降，而准确率波动上升，这说明了模型的有效性。

6.2　基于图神经网络的目标检测实现

基于图神经网络（GNN）的目标检测是一种利用图神经网络来提高目标检测的性能的方法。图神经网络可以有效地捕捉图中的节点和边的特征和关系，从而提高图上的学习任务的效果。图神经网络的基本组成部分是图卷积层（GCN），它可以将节点的特征和邻居的信息进行聚合和更新，从而实现图上的特征学习。

6.2.1　图神经网络的目标检测方法及其优缺点

目标检测的目的是在图像中定位和识别不同的物体。传统的目标检测方法通常使用卷积神经网络（CNN）来提取图像的特征，然后使用区域建议网络（Region Proposal Network，RPN）或锚框（Anchor Box）来生成候选的物体区域，最后使用分类器和回归器来预测物体的类别和边界框。这些方法虽然取得了一定的效果，但是也存在一些问题，例如忽略了物体之间的关系，导致物体的表示不够丰富和准确，以及物体的边界框不够精确和稳定。

1. 图神经网络的目标检测方法

基于图神经网络的目标检测方法的主要思想是，将图像中的物体区域作为图中的节点，然后使用图神经网络来建模节点之间的关系，从而提高物体的表示和检测能力。例如，一些方法使用图神经网络来增强物体的特征，一些方法使用图神经网络来优化物体的边界框，还有一些方法使用图神经网络来推理物体之间的语义关系。这些方法都表明，图神经网络可以有效地提升目标检测的准确性和鲁棒性。下面我们分别介绍这些方法的主要思路和优势。

1）特征增强

这类方法的目的是利用图神经网络来增强物体的特征表示，使其能够更好地反映物体的属性和类别。通常认为，对对象之间的关系进行建模有助于对象识别。例如，Hu 等提出了一种基于关系的图神经网络，它可以将物体的特征和空间位置作为输入，然后通过多层的图卷积层来学习物体之间的关系，从而提高物体的特征质量。这种方法可以有效地处理物体的遮挡、重叠和尺度变化等问题，从而提高目标检测的性能。

2）边界框优化

这类方法的目的是利用图神经网络来优化物体的边界框，使其能够更准确地覆盖物体的区域。例如，Yang 等提出了一种基于图的边界框回归模块，它可以将物体的边界框和特征作为输入，然后通过图神经网络来学习物体之间的几何关系，从而调整物体的边界框位置和大小。这种方法可以有效地解决物体的边界框不对齐和不精确的问题，从而提高目标检测的精度。

3）语义关系推理

这类方法的目的是利用图神经网络来推理物体之间的语义关系，使其能够更好地理解图像的场景和语义。例如，Zhang 等提出了一种基于图的对比损失函数，它可以将物体的特征和类别作为输入，然后通过图神经网络来学习物体之间的语义关系，从而预测物体的类别和关系。这种方法可以有效地利用图像中的上下文信息，从而提高目标检测的语义一致性。

2. 图神经网络目标检测方法的优点

基于图神经网络的目标检测有以下优点：

（1）可以利用图神经网络强大的图结构数据处理能力来提高目标检测各个方面的性能，从而实现更好的目标检测效果。

（2）可以更好地反映物体之间的关系，从而提高物体的表示和检测能力。图神经网络可以有效地处理物体的遮挡、重叠和尺度变化问题，还能很好地传递物体间的关系信息，从而提高目标检测的性能。

（3）可以更好地理解图像的场景和语义，从而提高目标检测的语义一致性。通过图神经网络来学习物体之间的语义关系，就可以预测物体的类别和关系。

3. 图神经网络的目标检测方法的缺点

基于图神经网络的目标检测虽然有很多优点，但是由于技术的限制，也存在一些缺点，主要有以下几个方面。

（1）计算复杂度高：图神经网络的计算复杂度通常比卷积神经网络高，因为它需要处理图中的节点和边的信息，而不仅仅是局部的像素信息。这就导致图神经网络的训练和推理时间较长，以及内存和显存的消耗较大。基于图神经网络的目标检测方法，需要更强大的硬件资源和更优化的算法来实现。

（2）图结构的选择和构建困难：图神经网络的性能很大程度上取决于图的结构，即图中节点和边的定义，以及连接方式。然而，对于目标检测的任务，图的结构如何构成并不是唯一的或明确的，不同的算法需要根据不同的场景和目的来选择和构建。例如，物体之间的关系可以是空间的、语义的、因果的，而不同的关系又可能需要不同的图结构来表示。基于图神经网络的目标检测方法需要更多的人工设计和调整来确定合适的图结构。

（3）图神经网络的理解和解释困难：图神经网络的工作原理和内部机制相比卷积神经网络更难以理解和解释，因为它涉及图中的复杂节点和边的交互和更新。这就导致了图神经网络的可解释性和可视化较差，以及调试和优化困难。基于图神经网络的目标检测方法需要更多的实验分析来验证和评估其有效性和可靠性。

6.2.2　GSDT 目标检测的步骤

本节将介绍一个使用图神经网络进行目标检测的方法，即 GSDT（GNNs for Simultaneous

Detection and Tracking）。Wang 等开发的 GSDT 方法是一种基于 GNN 和联合多目标跟踪（Multi-Object Tracking，MOT）框架实现的目标检测方法。在此方法中，GNN 可以在空间和时间域中对可变对象之间的关系进行建模，从而在多维度学习数据关联的判别特征。

要完成目标检测任务，GSDT 有 4 个步骤：特征提取和目标检测、数据关联、基于图神经网络的关系建模以及利用 GNN 联合检测结果与关联结果。

1. 特征提取和目标检测

这一步使用 DLA-34 作为共享框架生成输入图像的特征图，输入图像是有时序的，因此生成的特征图在时空上都具有关联性。DLA-34 是一种基于深度层次聚合（Deep Layer Aggregation）的卷积神经网络，能够有效地提取多尺度的特征。然后，将当前帧的特征图按像素展平，作为可能的检测对象点。为了进行目标检测，图像中的每个目标都要找到其中心和宽高参数。具体来说，对每帧图像有三个预测头——location（位置）、box size（宽高）和 refinement（细化）。它们分别对应三幅特征图，三个预测头在每一层 GNN 中都会生成检测结果。location 预测头负责对每个点进行分类，判断它是不是某个类别的目标的中心点。box size 预测头负责对每个点进行回归，得到它所属目标的宽高参数。refinement 预测头负责对每个点进行进一步的回归，得到它所属目标的更精确的位置和尺寸。这三个预测头共同构成了一个端到端的目标检测模块，能够在不需要锚框（Anchor Box）的情况下直接从特征图中生成检测结果。

2. 数据关联

这一步为了进行检测结果和轨迹的关联，加入了嵌入头（Embedding Head）来生成对象嵌入以用于数据关联。对象嵌入将对象的外观和运动信息映射到一个低维空间，这个方法可以用于度量对象之间的相似性。作者使用了一个 ReID 模块，对前一帧的轨迹和当前帧的检测结果进行特征提取，得到每个对象的特征向量。ReID 模块是一种用于行人重识别（Person Re-IDentification，ReID）的网络结构，可以从图像中提取出鉴别性的行人特征。ReID 模块的输出是一个固定长度的特征向量，可以用于计算对象之间的距离或相似度。

3. 基于图神经网络的关系建模

为了应用到图神经网络，就需要形成图结构。在本方法中，图的节点是每个检测结果和轨迹的特征向量。对于图的边，Wang 等总结了检测结果与连续帧的关系：只在帧间进行关联，每个目标的帧间位移都较小，从而提出了只在轨迹节点和检测节点间连接的边构造。由于使用了多次图神经网络，不同对象的关系可以在信息传递过程中来回传递，这样，虽然同一帧的对象之间没有连接，模型也能学习到同帧中的空间关系。

4. 利用 GNN 联合检测结果与关联结果

为了利用 GNN 方法，Wang 等还将检测结果和关联结果应用于 GNN 的三层。通过编码进行节点特征聚合后，可以获得更好的特征。这其实是进行了端到端的 GNN 训练。

GSDT 的算法流程图如图 6-11 所示。

要运行 GSDT 的程序实例，首先需要下载 GSDT 的项目代码，项目网址是 https://github.com/yongxinw/GSDT，论文网址是 https://arxiv.org/abs/2006.13164。

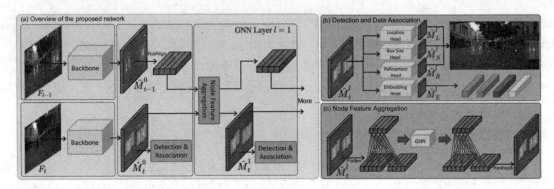

图 6-11　GSDT 的算法流程图

6.2.3　问题描述

在这里，我们使用 MOT15 数据集中的视频图像和标签信息来训练一个基于图神经网络的目标检测模型。MOT15 数据集是多对象跟踪的数据集，包含 11 个不同的室内和室外场景，以行人为目标检测的对象。其中摄像机运动、摄像机角度和成像条件差异很大。该模型在此数据集的图像分类任务中准确率达到 60.7%。

6.2.4　导入数据集

首先需要下载项目所需的数据集，GSDT 的作者给出了多个可供选择的数据集，以 MOT15 为例，下载网址是 https://motchallenge.net/data/MOT15/。

接下来，新建/src/data/MOT15/images/文件夹，然后将数据集中的 test 和 train 文件夹都解压到此文件夹内。

然后新建/src/data/MOT15/images/lables_with_ids/train/文件夹。最后在 src 目录下执行代码：

```
python gen_labels_15.py
```

这会生成所需的标签格式。若执行出错，则会将 gen_labels_15.py 中的文件路径改为绝对路径。

6.2.5　模型搭建

在开始项目之前，可以设置一个虚拟环境来运行代码，所使用到的代码如下所示。请注意，这次我们使用 Python 3.6 来构建代码：

```
python -m venv env                    #Create a virtual environment
source env/bin/activate               #Activate virtual environment
pip install -r requirements.txt       #Install dependencies
echo $PWD > env/lib/python3.6/site-packages/GSDT.pth  #Add current directory to
python path
#Work for a while ...
deactivate  #Exit virtual environment
```

当然，如果使用 PyCharm，可以为此项目单独创建虚拟环境，你可以手动实现这些。

项目所用到的依赖如下所示。

- numpy==1.19.5
- yacs==0.1.8
- opencv-python
- cython
- cython-bbox
- scipy==1.5.4
- progress==1.6
- motmetrics==1.4.0
- numba
- matplotlib==3.3.4
- lap==0.4.0
- openpyxl
- Pillow==6.2.2
- tensorboardX
- torch==1.10.2
- torchvision==0.11.3
- pandas==1.1.5
- pillow
- scikit-learn
- tqdm
- ipdb
- setuptools==59.6.0

GSDT 是基于 DCN 实现的算法，因此需要先编译可变形卷积网络（Deformable Convolution Network，DCN）代码。要编译 DCN 代码，可以在/src/lib/models/networks/DCNv2/文件夹下执行命令：

```
python setup.py build develop
```

结果会构建可变形卷积网络。

6.2.6　模型训练与测试

运行以下代码即可查看模型的学习结果：

```
python track_gnn.py --task gnn_mot --arch dlagnn_34 --load_model
/lib/models/model_mot15.pth --use_letter_box 1 --save_image 1 --exp_name
mot15_test2 --use_residual 0 --graph_type local --gnn_type AGNNConv
--return_pre_gnn_layer_outputs 1 --inference_gnn_output_layer 1
--copy_head_weights 0 --num_gnn_layers 1 --use_roi_align 1 --save_videos 1 --p_K
500 --test_mot15 True
```

模型的学习结果如图 6-12 所示。

图 6-12　GSDT 的运行结果

6.3　基于图神经网络的图像生成实现

图神经网络是一种能够处理图结构数据的深度学习模型，它可以有效地利用图中的节点和边的信息，以及节点和边的拓扑关系。图像生成的目的是根据给定的图结构或者草图生成与之对应的图像。目前，基于图神经网络的图像生成的研究还不多，主要有两个方向，分别是基于草图组合与图像匹配的图像生成和基于生成场景图的图像生成。

基于草图组合与图像匹配的图像生成，是根据用户提供的一组草图，从一个图像数据库中检索出与之匹配的图像，并将这些图像拼接成一幅完整的图像。这种方法可以用于生成用户想要的图像，例如服装搭配、人脸变换等。本节将简要介绍这种方法的思路和流程，包括草图的编码、图像的检索、图像的融合等步骤。

基于生成场景图的图像生成方法是一种通过场景图来生成图像的技术。场景图是一个由对象和关系组成的图结构数据，描述了图像中的对象及其相互关系。这种方法可以用于生成复杂的场景，例如自然景观、室内环境等。在本节中，我们将重点介绍这种方法的原理和实现，包括场景图的表示、图像的合成等。

6.3.1　基于草图组合与图像匹配的图像生成

基于草图的图像检索（Sketch Based Image Retrieval，SBIR）是一种利用草图作为查询条件，从图像数据库中检索出与草图相似或相关的图像的技术。这种技术在过去 10 年中受到广泛的关注，因为它可以满足人们对图像内容的直观和灵活的搜索需求。随着深度学习的出现，卷积神经网络（CNN）方法被用于探索匹配草图和图像结构的联合搜索，这种方法可以有效地提取草图和图像的特征，并利用度量学习或哈希编码等技术进行相似性计算。后来的研究则遵循从单个物体草图到具有多个物体的场景的自然延伸，这种场景草图检索（Scene Sketch Image Retrieval，SSIR）可以更好地表达用户的搜索意图，并且可以应用于更多的实际场景，如智能家居、智能安防等。

条件图像生成是一种利用条件信息，如文本、标签、草图等，来生成与条件相符的图像的技术。这种技术在计算机视觉和图形学领域有着广泛的应用，如图像编辑、图像风格转换、图像修复等。从条件 GAN 网络出现以来，条件图像生成获得了发展。这些模型从每个领域的匹配样本对中学习，并且能够将语义布局映射到图像。这些模型通常包括一个生成器和一个判别器，生成器负责根据条件信息生成图像，判别器负责判断生成的图像是否真实和与条件是否一致。由于草图的抽象性和模糊性，草图图像合成是一个具有挑战性的问题。草图图像合成将草图作为条件信息，生成与草图内容相符的真实图像。这种技术可以帮助用户快速地将自己的想法转换为图像，或者对已有的图像进行修改和优化。草图图像合成的难点在于草图的不确定性，不同的用户可能用不同的模式来绘制草图，而且草图往往缺乏细节和颜色信息，这些都给图像生成带来了困难。为了解决这些问题，一些研究者提出了不同的方法，如使用注意力机制、多阶段生成、多模态融合等，来提高草图图像合成的质量和多样性。

1. 草图图像合成的优点

（1）草图图像合成可以提供一种直观和灵活的图像生成方式，用户可以用自己的手绘草图来表达自己的创意和需求，而不需要依赖于现有的图像或者复杂的图像编辑软件。

（2）草图图像合成可以增强图像的多样性和创造性，用户可以通过修改草图的细节和风格来生成不同的图像，或者将多幅草图组合在一起来生成复杂的场景图像。

（3）草图图像合成可以应用于多个领域和场景，例如图像设计、图像检索、图像修复、图像风格转换、图像动画等。

2. 草图图像合成的缺点

草图图像合成技术作为一个新兴领域，在应用上也有一些缺点：

（1）草图图像合成是一个具有挑战性的问题，由于草图的抽象性和模糊性，不同的用户用不同的方式来绘制草图，而且草图缺乏细节和颜色信息，这些都给图像生成带来困难。

（2）草图图像合成的效果很大程度上依赖于草图的质量和清晰度，如果草图过于粗糙或者不完整，可能会导致生成的图像不符合用户的期望，或者出现一些伪影和失真的现象。

（3）草图图像合成的技术还不够成熟和稳定，目前的方法往往需要大量的训练数据和计算资源，而且对于一些复杂的草图和场景，目前尚没有办法生成高质量和高分辨率的图像。

3. 从图像生成场景图的原理

Ribeiro 等提出的 Scene Designer 方法是一种基于图神经网络实现的基于草图组合与图像匹配的图像生成方法。

为了根据草图进行搜索，Ribeiro 等首先使用一个混合图神经网络和 Transformer 架构进行跨模态的表示学习，这个框架将草图转换为场景图（Scene Graph，与场景图相关的知识在 6.3.2 节进行说明），随后使用场景图与真实图像进行比对，从而方便最后进行图像合成。这个框架的主要思想是，利用图神经网络来捕捉草图中的对象信息和语义信息，以及利用 Transformer 来捕捉草图中的位置信息。

Scene Designer 是一个利用深度学习技术，根据用户的草图或者文本，生成与用户意图相符的真实场景图像的系统。Scene Designer 的学习分为三个主要阶段。

（1）第一个阶段是进行对象级表示的学习，在这一阶段，对场景中每个对象的特征编码，然后使用这些信息构建场景图。场景图是一种图结构的数据，其中每个节点代表一个对象，每个边代表两个对象之间的关系，如相邻、重叠、包含等。

（2）第二个阶段使用场景图产生约束相关表示，通过图神经网络对场景图进行编码，也就是对对象的姿势和外观进行编码，这就规定了画面上每个对象的大小和形态。图神经网络利用图中的节点特征和边特征来学习图的全局表示。

（3）第三个阶段使用 Transformer 的多头注意力机制来分析每个向量与所有其他向量的关联。这种注意力包含对象的空间位置，这样就能最终得到一个场景的示例布局。Transformer 是基于自注意力机制（Self-Attention）的神经网络，它利用自注意力机制来捕捉输入序列中的长距离依赖关系，从而提高序列的表示能力。而多头注意力机制将自注意力机制分成多个子空间，以增强自注意力机制的多样性，更好地捕捉场景中的空间位置信息。

最后，示例布局由 SotA SPADE 模型生成最终的图像。SPADE 模型是一种基于条件生成对抗网络（Conditional Generative Adversarial Nets，CGAN）的图像合成模型，它根据给定的语义布局生成与布局相符的真实图像。这一方法的特点是使用了一种空间自适应的归一化（SPADE）层，它可以分多次在训练中将语义信息动态地融合到图像特征中，从而从头至尾保持语义的一致性。

Scene Designer 的算法流程图如图 6-13 所示。

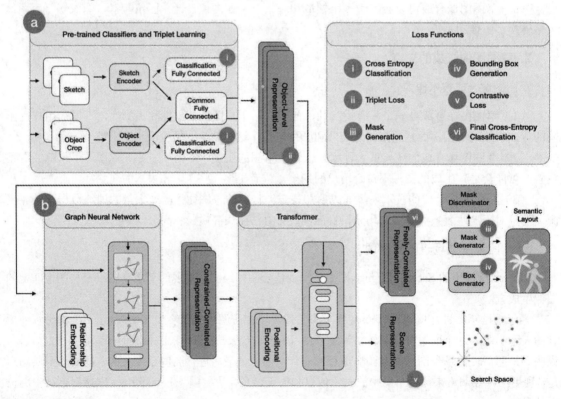

图 6-13　Scene Designer 的算法流程图

在图 6-13 中，a：产生对象级表示；b：编码并产生约束相关表示；c：产生自由相关表示和场景表示。

在 SPADE 模型将其转换为图像之前合成的示例布局如图 6-14 所示。

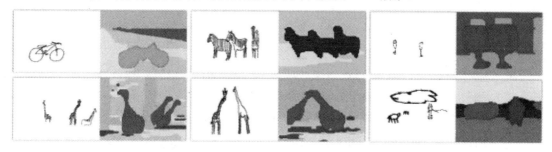

图 6-14　在 SPADE 模型将其转换为图像之前合成的示例布局

Scene Designer 的项目代码网址是 https://github.com/leosampaio/scene-designer，论文网址是 https://ieeexplore.ieee.org/document/9607830。读者可以尝试独自实现这个实例。

6.3.2　基于图神经网络的场景图生成

场景图是一种能够表示图像中的对象和关系的数据结构，它的形式是一个有向图，由节点和边组成，如图 6-15 所示。每个节点代表图像中的一个对象，它有一个类别标签，用于指定对象的种类，例如人、猫、树、房子等。每条边代表图像中的一个关系，它有一个关系标签，用于指定关系的类型，例如在、上、下、左、右、持有、穿戴、是等。场景图中边的方向表示关系的主体和客体。比如，"人持有猫"表示人是主体，猫是客体。

场景图可以用于描述图像的语义内容，也可以用于生成图像。使用场景图描述图像的优点是，它可以抽象出图像中的重要信息，忽略不相关的细节，使得图像的表示更加简洁和清晰。使用场景图生成图像的优点是，它可以根据用户的意图自由地组合不同的对象和关系，创造出多样的图像。场景图是一种在计算机视觉和自然语言处理领域广泛使用的数据结构，它可以用于实现多种任务，例如图像检索、图像理解、图像描述、图像编辑等。

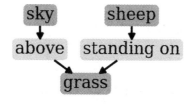

图 6-15　场景图示例

在图 6-15 中，红色标签（第 1 行、第 3 行，参看配套资源中的相关文件）是节点标签，蓝色标签（第 2 行）是边标签。

从图像生成场景图是指，根据一个给定的图像，提取出图像中的对象和关系，构建出一个与之对应的场景图。这种方法可以用于理解图像的语义内容，也可以用于为图像生成提供输入。从图像生成场景图的主要挑战是如何准确地检测和识别图像中的对象和关系，以及如何将它们映射到场景图中的节点和边。

从自然语言描述生成场景图是指,根据一个给定的自然语言描述,解析出描述中的对象和关系,构建出一个与之对应的场景图。这种方法可以用于理解自然语言的语义内容,也可以用于为自然语言生成提供输入。从自然语言描述生成场景图的主要挑战是如何处理自然语言的多样性和歧义性,以及如何将它们映射到场景图中的节点和边。

除这两种方法外,还有一些其他的场景图生成方法,例如从视频生成场景图、从知识图谱生成场景图、从符号逻辑生成场景图等。

Yang 等提出的 Graph R-CNN 是一个基于图神经网络的方法,用于从图像中检测物体并构建场景图。该方法提出先检测关系是否存在,再判断具体是什么关系。

这一方法可以分解为三个阶段:对象节点提取、关系边缘剪枝和图上下文集成。

(1)在对象节点提取阶段,使用一个标准的对象检测算法 Faster RCNN 来检测图像中的对象,最终产生一组候选区域。Faster RCNN 是一种基于区域的卷积神经网络,可以有效地对图像中的每个区域进行分类和回归,以得到对象的类别和位置。

(2)在关系边缘剪枝阶段,如果将图像中所有的节点和边都考虑到,随着对象数量的增长,这个问题很快变得不太现实。但由于真实对象交互中的规则性,大多数对象对(两个对象组成一对)不太可能有关系,因此作者引入了一个关系建议网络(Relationship Proposal Network,RePN)来对对象关系进行估计,具体来说就是计算对象之间的相似度得分。然后就可以对不太可能的关系的边进行剪枝,这有效地稀疏化了候选场景图,抑制了不太可能的边缘带来的噪声。

(3)图上下文集成阶段,作者引入了注意力图卷积神经网络对图中边的关系的标签进行学习,这可以学习和调节边信息流,并最终生成场景图。

Graph R-CNN 的算法流程图如图 6-16 所示。

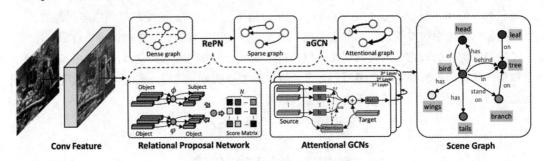

图 6-16　Graph R-CNN 的算法流程图

Graph R-CNN 的项目代码网址是 https://github.com/jwyang/graph-rcnn.pytorch,论文网址是 https://arxiv.org/abs/2208.03624。读者可以尝试独自实现这个实例。

6.3.3　基于图卷积神经网络从场景图生成图像

由场景图生成图像是一种利用场景图作为输入,生成与之对应的图像的任务,这是一种图像生成的方法。场景图的每个节点代表图像中的一个对象,每条边代表图像中的一个关系。由场景图生成图像的目的是根据用户的意图自由地组合不同的对象和关系,以创造出多样的图像。

由场景图生成图像可以分为两个步骤,分别是图像的合成和图像的细化。图像的合成是指根据场景图中的对象和关系生成一个初步的图像。图像的细化是指对合成的图像进行后处理，使其更加清晰和逼真。这两个步骤都需要考虑图像的布局、遮挡、光照、纹理、透视等因素，这些因素往往难以从场景图中推断出来。

由场景图生成图像的方法有很多，例如基于生成对抗网络的方法、基于变分自编码器的方法、基于注意力机制的方法等。

接下来将介绍从场景图生成图像的一个实例。

约翰逊等开发的 sg2im（scene graph to image）方法是一种基于图卷积神经网络实现的由场景图生成图像的方法。

为了处理场景图，约翰逊等使用了图卷积神经网络，这是一种能够在图上进行卷积操作的神经网络。图卷积神经网络的作用是为场景图中的每个对象提供一个嵌入向量，这个嵌入向量可以反映对象的类别和属性，也可以用于后续的图像生成。图卷积神经网络的工作原理是，它的每一层都会沿着场景图中的边缘将对象的嵌入向量与其相邻对象的嵌入向量进行混合，从而实现信息的传递和更新。通过多层的图卷积，对象的嵌入向量可以融合更多的上下文信息，从而提高场景图的表示能力。

要生成图像，我们还需要先预测每个对象的边界框和分割掩码，这些信息可以用于确定对象的位置和形状。边界框是一个矩形框，它可以表示对象的大致范围。而分割掩码是一个二值图，它可以表示对象的精确轮廓。对象的嵌入向量通过布局预测层转换为边界框和分割掩码的预测值。这些预测值可以与对象的嵌入向量一起组合成一个场景布局，它就是图形域和图像域之间的中间人。场景布局可以用于描述图像中的对象的位置、形状、类别和属性，也可以用于生成图像中的对象的外观和纹理。

给定场景布局后，我们的目标是合成一个符合布局中给定的对象位置、形状、类别和属性的图像。为了实现这个目标，约翰逊等使用了一种称为级联细化网络（Cascaded Refinement Network，CRN）的神经网络模型。CRN 是一种能够从低分辨率到高分辨率逐步生成图像的模型，它由一系列卷积细化模块组成，每个模块都包含一些卷积层和上采样层。每进行到下一个模块，图像的分辨率就会加倍，这就允许图像以从粗到细的方式逐步生成。CRN 的输入是一个用一个多通道的张量来表示的场景布局和一幅图像，最初的输入图像是一幅高斯噪声图。CRN 的输出是一个与场景布局相匹配的图像，它反映了对象的外观和纹理。

综上所述，sg2im 的算法流程图如图 6-17 所示。

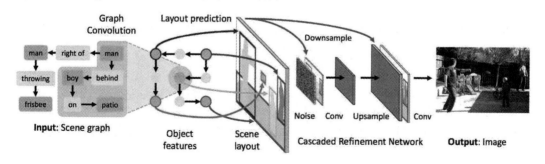

图 6-17　sg2im 的算法流程图

单个图卷积层如图 6-18 所示，图中红色标签（参见配套资源中的相关文件）是对象，中间的蓝色标签是关系。

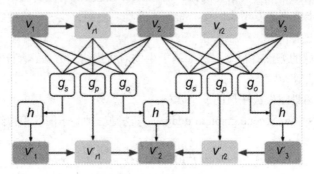

图 6-18 单个图卷积层

要运行 sg2im 的程序实例,首先需要下载 sg2im 的项目代码,项目网址是 https://github.com/google/sg2im/tree/master,论文网址 https://ieeexplore.ieee.org/document/8578231。

1. 问题描述

在这里,我们使用 Visual Genome 数据集中的图片和标签信息来训练一个基于图卷积神经网络从场景图生成图像的模型。Visual Genome 数据集包含 108 077 幅图片及图片中对象关系组成的场景图。其中每幅图片平均包含 35 个对象、26 个属性和 21 对对象间的成对关系。

2. 导入数据集

我们需要单独下载数据集,并对用到的数据进行处理。虽然我们仅使用 Visual Genome 数据集作为例子,这里仍然介绍作者提到的两个数据集,即 COCO-Stuff 和 Visual Genome 数据集。如果需要运行其他数据集,需要将数据集处理为示例数据集相似的格式。

1)安装 COCO-Stuff 数据集

首先要安装 COCO Python API,可以使用如下代码进行安装:

```
cd ~
git clone https://github.com/cocodataset/cocoapi.git
cd cocoapi/PythonAPI/
python setup.py install
```

除此之外,也可以直接在 COCO 的 GitHub 页面下载并安装,网址是 https://github.com/cocodataset/cocoapi。

如果拥有 bash 环境,可以选择使用如下代码直接下载数据集:

```
bash scripts/download_coco.sh
```

未安装 bash 环境时,首先需要新建 datasets/coco 文件夹,然后在该文件夹下依次下载文件并解压:

```
http://images.cocodataset.org/annotations/annotations_trainval2017.zip
http://images.cocodataset.org/annotations/stuff_annotations_trainval2017.zip
```

然后，新建 datasets/coco/images 文件夹，在该文件夹下依次下载文件并解压：

```
http://images.cocodataset.org/zips/train2017.zip
http://images.cocodataset.org/zips/val2017.zip
```

这样就安装好了 COCO-Stuff 数据集。

2）安装 Visual Genome 数据集

如果拥有 bash 环境，可以选择使用如下代码直接下载数据集：

```
bash scripts/download_vg.sh
```

未安装 bash 环境时，首先需要新建 datasets/vg 文件夹，然后在该文件夹下依次下载文件并解压：

```
https://visualgenome.org/static/data/dataset/objects.json.zip
https://visualgenome.org/static/data/dataset/attributes.json.zip
https://visualgenome.org/static/data/dataset/relationships.json.zip
https://visualgenome.org/static/data/dataset/object_alias.txt
https://visualgenome.org/static/data/dataset/relationship_alias.txt
https://visualgenome.org/static/data/dataset/image_data.json.zip
```

然后，新建 datasets/vg/images 文件夹，在该文件夹下依次下载文件并解压：

```
https://cs.stanford.edu/people/rak248/VG_100K_2/images.zip
https://cs.stanford.edu/people/rak248/VG_100K_2/images2.zip
```

下载 Visual Genome 数据集后，需要对其进行预处理。我们需要将数据拆分为训练、验证、测试部分，将所有场景图合并到 HDF5 文件中，并应用多种启发式方法来清理数据。算法还忽略了较小的图像，只考虑在训练集中出现次数较多的对象和属性类别，并为每幅图像显示的对象和关系的数量设置最小值和最大值。

我们可以使用如下代码预处理数据集：

```
python scripts/preprocess_vg.py
```

此脚本会在 datasets/vg 目录下创建文件 train.h5、val.h5、test.h5 和 vocab.json。

3. 模型搭建

在开始项目之前，可以设置一个虚拟环境来运行代码，所使用到的代码如下所示：

```
python -m venv env                  #Create a virtual environment
source env/bin/activate             #Activate virtual environment
pip install -r requirements.txt     #Install dependencies
echo $PWD > env/lib/python3.9/site-packages/sg2im.pth #Add current directory to
python path
#Work for a while ...
deactivate  #Exit virtual environment
```

当然，如果使用 PyCharm，可以为此项目单独创建虚拟环境，你可以手动实现这个虚拟环境。项目所用到的依赖如下所示，经过测试，该项目在此环境下可以稳定运行而无须修改代码，你也可以选择作者推荐的依赖版本，作者在 GitHub 的项目页进行了说明。

- torch==2.0.0
- torchvision==0.15.1
- numpy==1.26.2
- Pillow==10.0.1
- matplotlib==3.3.4
- imageio==2.32.0
- pip==21.3.1
- wheel==0.37.1
- toolz==0.9.0
- dask==0.17.5
- requests==2.31.0
- cloudpickle==0.5.3
- six==1.11.0
- pytz==2018.4
- setuptools==60.2.0
- mpmath==1.3.0
- sympy==1.12
- networkx==2.1
- Cython==3.0.0
- python-dateutil==2.7.3
- decorator==4.3.0
- cycler==0.10.0
- Jinja2==3.1.2
- pyparsing==2.2.0
- kiwisolver==1.0.1
- pycocotools==2.0.7
- scikit-image==0.22.0

初始化程序的代码具体如下：

```
import argparse
import functools
import os
import json
import math
from collections import defaultdict
import random

import numpy as np
import torch
```

```python
import torch.optim as optim
import torch.nn as nn
import torch.nn.functional as F
from torch.utils.data import DataLoader

from sg2im.data import imagenet_deprocess_batch
from sg2im.data.coco import CocoSceneGraphDataset, coco_collate_fn
from sg2im.data.vg import VgSceneGraphDataset, vg_collate_fn
from sg2im.discriminators import PatchDiscriminator, AcCropDiscriminator
from sg2im.losses import get_gan_losses
from sg2im.metrics import jaccard
from sg2im.model import Sg2ImModel
from sg2im.utils import int_tuple, float_tuple, str_tuple
from sg2im.utils import timeit, bool_flag, LossManager

torch.backends.cudnn.benchmark = True
VG_DIR = os.path.expanduser('datasets/vg')
COCO_DIR = os.path.expanduser('datasets/coco')

#参数集类
class args():
    dataset = 'vg' #['vg', 'coco']

    #超参数优化
    batch_size = 32
    num_iterations = 1000000
    learning_rate =1e-4

    #迭代多次后，将生成器切换到评估模式
    eval_mode_after = 100000

    #VG 和 COCO 通用的数据集选项
    image_size = tuple([64,64])
    num_train_samples = None
    num_val_samples = 1024
    shuffle_val = True
    loader_num_workers = 0
    include_relationships = True

    #VG 特定选项
    vg_image_dir = bytes(os.path.join(VG_DIR, 'images'), encoding="utf-8")
    train_h5 = os.path.join(VG_DIR, 'train.h5')
    val_h5 = os.path.join(VG_DIR, 'val.h5')
    vocab_json = os.path.join(VG_DIR, 'vocab.json')
    max_objects_per_image = 10
    vg_use_orphaned_objects = True
```

```python
#COCO 特定选项
coco_train_image_dir = os.path.join(COCO_DIR, 'images/train2017')
coco_val_image_dir = os.path.join(COCO_DIR, 'images/val2017')
coco_train_instances_json = os.path.join(COCO_DIR,
'annotations/instances_train2017.json')
coco_train_stuff_json = os.path.join(COCO_DIR,
'annotations/stuff_train2017.json')
coco_val_instances_json = os.path.join(COCO_DIR,
'annotations/instances_val2017.json')
coco_val_stuff_json = os.path.join(COCO_DIR, 'annotations/stuff_val2017.json')
instance_whitelist = None
stuff_whitelist = None
coco_include_other = False
min_object_size = 0.02
min_objects_per_image = 3
coco_stuff_only = True

#生成器选项
mask_size = 16 #Set this to 0 to use no masks
embedding_dim = 128
gconv_dim = 128
gconv_hidden_dim = 512
gconv_num_layers = 5
mlp_normalization = 'none'
refinement_network_dims = tuple([1024,512,256,128,64])
normalization = 'batch'
activation = 'leakyrelu-0.2'
layout_noise_dim = 32
use_boxes_pred_after = -1

#生成器 loss
mask_loss_weight = 0
l1_pixel_loss_weight = 1.0
bbox_pred_loss_weight = 10
predicate_pred_loss_weight = 0 #DEPRECATED

#Generic discriminator options
discriminator_loss_weight = 0.01
gan_loss_type = 'gan'
d_clip = None
d_normalization = 'batch'
d_padding = 'valid'
d_activation = 'leakyrelu-0.2'

#Object discriminator
```

```
d_obj_arch = 'C4-64-2,C4-128-2,C4-256-2'
crop_size = 32
d_obj_weight = 1.0 #multiplied by d_loss_weight
ac_loss_weight = 0.1

#Image discriminator
d_img_arch = 'C4-64-2,C4-128-2,C4-256-2'
d_img_weight = 1.0 #multiplied by d_loss_weight

#Output options
print_every = 10
timing = False
checkpoint_every = 10000
output_dir = os.getcwd()
checkpoint_name = 'checkpoint'
checkpoint_start_from = None
restore_from_checkpoint = False
```

其中，参数集类向程序中传入了运行所需的一切参数。

接下来，定义程序中将会用到的类，包括总 loss 计算类、参数集检查类、模型构建类、对象判别器类、图像判别器类、数据集构建类、数据集加载类、模型评估类、loss 计算类等，这样在接下来的训练中可以使用这些模块代码进行训练。总 loss 计算类具体代码如下：

```
def add_loss(total_loss, curr_loss, loss_dict, loss_name, weight=1):
  curr_loss = curr_loss * weight
  loss_dict[loss_name] = curr_loss.item()
  if total_loss is not None:
    total_loss += curr_loss
  else:
    total_loss = curr_loss
  return total_loss
```

参数集检查类具体代码如下：

```
def check_args(args):
  H, W = args.image_size
  for _ in args.refinement_network_dims[1:]:
    H = H // 2
  if H == 0:
    raise ValueError("Too many layers in refinement network")
```

模型构建类具体代码如下：

```
def build_model(args, vocab):
  if args.checkpoint_start_from is not None:
    checkpoint = torch.load(args.checkpoint_start_from)
    kwargs = checkpoint['model_kwargs']
    model = Sg2ImModel(**kwargs)
```

```
    raw_state_dict = checkpoint['model_state']
    state_dict = {}
    for k, v in raw_state_dict.items():
      if k.startswith('module.'):
        k = k[7:]
      state_dict[k] = v
    model.load_state_dict(state_dict)
  else:
    kwargs = {
      'vocab': vocab,
      'image_size': args.image_size,
      'embedding_dim': args.embedding_dim,
      'gconv_dim': args.gconv_dim,
      'gconv_hidden_dim': args.gconv_hidden_dim,
      'gconv_num_layers': args.gconv_num_layers,
      'mlp_normalization': args.mlp_normalization,
      'refinement_dims': args.refinement_network_dims,
      'normalization': args.normalization,
      'activation': args.activation,
      'mask_size': args.mask_size,
      'layout_noise_dim': args.layout_noise_dim,
    }
    model = Sg2ImModel(**kwargs)
  return model, kwargs
```

对象判别器类具体代码如下：

```
def build_obj_discriminator(args, vocab):
  discriminator = None
  d_kwargs = {}
  d_weight = args.discriminator_loss_weight
  d_obj_weight = args.d_obj_weight
  if d_weight == 0 or d_obj_weight == 0:
    return discriminator, d_kwargs

  d_kwargs = {
    'vocab': vocab,
    'arch': args.d_obj_arch,
    'normalization': args.d_normalization,
    'activation': args.d_activation,
    'padding': args.d_padding,
    'object_size': args.crop_size,
  }
  discriminator = AcCropDiscriminator(**d_kwargs)
  return discriminator, d_kwargs
```

图像判别器类具体代码如下：

```python
def build_img_discriminator(args, vocab):
  discriminator = None
  d_kwargs = {}
  d_weight = args.discriminator_loss_weight
  d_img_weight = args.d_img_weight
  if d_weight == 0 or d_img_weight == 0:
    return discriminator, d_kwargs

  d_kwargs = {
    'arch': args.d_img_arch,
    'normalization': args.d_normalization,
    'activation': args.d_activation,
    'padding': args.d_padding,
  }
  discriminator = PatchDiscriminator(**d_kwargs)
  return discriminator, d_kwargs
```

数据集构建类具体代码如下:

```python
def build_coco_dsets(args):
  dset_kwargs = {
    'image_dir': args.coco_train_image_dir,
    'instances_json': args.coco_train_instances_json,
    'stuff_json': args.coco_train_stuff_json,
    'stuff_only': args.coco_stuff_only,
    'image_size': args.image_size,
    'mask_size': args.mask_size,
    'max_samples': args.num_train_samples,
    'min_object_size': args.min_object_size,
    'min_objects_per_image': args.min_objects_per_image,
    'instance_whitelist': args.instance_whitelist,
    'stuff_whitelist': args.stuff_whitelist,
    'include_other': args.coco_include_other,
    'include_relationships': args.include_relationships,
  }
  train_dset = CocoSceneGraphDataset(**dset_kwargs)
  num_objs = train_dset.total_objects()
  num_imgs = len(train_dset)
  print('Training dataset has %d images and %d objects' % (num_imgs, num_objs))
  print('(%.2f objects per image)' % (float(num_objs) / num_imgs))

  dset_kwargs['image_dir'] = args.coco_val_image_dir
  dset_kwargs['instances_json'] = args.coco_val_instances_json
  dset_kwargs['stuff_json'] = args.coco_val_stuff_json
  dset_kwargs['max_samples'] = args.num_val_samples
  val_dset = CocoSceneGraphDataset(**dset_kwargs)
```

```
  assert train_dset.vocab == val_dset.vocab
  vocab = json.loads(json.dumps(train_dset.vocab))

  return vocab, train_dset, val_dset


def build_vg_dsets(args):
  with open(args.vocab_json, 'r') as f:
    vocab = json.load(f)
  dset_kwargs = {
    'vocab': vocab,
    'h5_path': args.train_h5,
    'image_dir': args.vg_image_dir,
    'image_size': args.image_size,
    'max_samples': args.num_train_samples,
    'max_objects': args.max_objects_per_image,
    'use_orphaned_objects': args.vg_use_orphaned_objects,
    'include_relationships': args.include_relationships,
  }
  train_dset = VgSceneGraphDataset(**dset_kwargs)
  iter_per_epoch = len(train_dset) // args.batch_size
  print('There are %d iterations per epoch' % iter_per_epoch)

  dset_kwargs['h5_path'] = args.val_h5
  del dset_kwargs['max_samples']
  val_dset = VgSceneGraphDataset(**dset_kwargs)

  return vocab, train_dset, val_dset
```

数据集加载类具体代码如下：

```
def build_loaders(args):
  if args.dataset == 'vg':
    vocab, train_dset, val_dset = build_vg_dsets(args)
    collate_fn = vg_collate_fn
  elif args.dataset == 'coco':
    vocab, train_dset, val_dset = build_coco_dsets(args)
    collate_fn = coco_collate_fn

  loader_kwargs = {
    'batch_size': args.batch_size,
    'num_workers': args.loader_num_workers,
    'shuffle': True,
    'collate_fn': collate_fn,
  }
  train_loader = DataLoader(train_dset, **loader_kwargs)
```

```
loader_kwargs['shuffle'] = args.shuffle_val
val_loader = DataLoader(val_dset, **loader_kwargs)
return vocab, train_loader, val_loader
```

模型评估类具体代码如下:

```
def check_model(args, t, loader, model):
  float_dtype = torch.FloatTensor
  long_dtype = torch.LongTensor
  num_samples = 0
  all_losses = defaultdict(list)
  total_iou = 0
  total_boxes = 0
  with torch.no_grad():
    for batch in loader:
      batch = [tensor.cpu() for tensor in batch]
      masks = None
      if len(batch) == 6:
        imgs, objs, boxes, triples, obj_to_img, triple_to_img = batch
      elif len(batch) == 7:
        imgs, objs, boxes, masks, triples, obj_to_img, triple_to_img = batch
      predicates = triples[:, 1]

      #Run the model as it has been run during training
      model_masks = masks
      model_out = model(objs, triples, obj_to_img, boxes_gt=boxes,
masks_gt=model_masks)
      imgs_pred, boxes_pred, masks_pred, predicate_scores = model_out

      skip_pixel_loss = False
      total_loss, losses = calculate_model_losses(
                        args, skip_pixel_loss, model, imgs, imgs_pred,
                        boxes, boxes_pred, masks, masks_pred,
                        predicates, predicate_scores)

      total_iou += jaccard(boxes_pred, boxes)
      total_boxes += boxes_pred.size(0)

      for loss_name, loss_val in losses.items():
        all_losses[loss_name].append(loss_val)
      num_samples += imgs.size(0)
      if num_samples >= args.num_val_samples:
        break

    samples = {}
    samples['gt_img'] = imgs
```

```
  model_out = model(objs, triples, obj_to_img, boxes_gt=boxes, masks_gt=masks)
  samples['gt_box_gt_mask'] = model_out[0]

  model_out = model(objs, triples, obj_to_img, boxes_gt=boxes)
  samples['gt_box_pred_mask'] = model_out[0]

  model_out = model(objs, triples, obj_to_img)
  samples['pred_box_pred_mask'] = model_out[0]

  for k, v in samples.items():
    samples[k] = imagenet_deprocess_batch(v)

  mean_losses = {k: np.mean(v) for k, v in all_losses.items()}
  avg_iou = total_iou / total_boxes

  masks_to_store = masks
  if masks_to_store is not None:
    masks_to_store = masks_to_store.data.cpu().clone()

  masks_pred_to_store = masks_pred
  if masks_pred_to_store is not None:
    masks_pred_to_store = masks_pred_to_store.data.cpu().clone()

 batch_data = {
   'objs': objs.detach().cpu().clone(),
   'boxes_gt': boxes.detach().cpu().clone(),
   'masks_gt': masks_to_store,
   'triples': triples.detach().cpu().clone(),
   'obj_to_img': obj_to_img.detach().cpu().clone(),
   'triple_to_img': triple_to_img.detach().cpu().clone(),
   'boxes_pred': boxes_pred.detach().cpu().clone(),
   'masks_pred': masks_pred_to_store
 }
 out = [mean_losses, samples, batch_data, avg_iou]

 return tuple(out)
```

loss 计算类的代码如下：

```
def calculate_model_losses(args, skip_pixel_loss, model, img, img_pred,
                   bbox, bbox_pred, masks, masks_pred,
                   predicates, predicate_scores):
 total_loss = torch.zeros(1).to(img)
 losses = {}

 l1_pixel_weight = args.l1_pixel_loss_weight
 if skip_pixel_loss:
```

```
    l1_pixel_weight = 0
  l1_pixel_loss = F.l1_loss(img_pred, img)
  total_loss = add_loss(total_loss, l1_pixel_loss, losses, 'L1_pixel_loss',
                    l1_pixel_weight)
  loss_bbox = F.mse_loss(bbox_pred, bbox)
  total_loss = add_loss(total_loss, loss_bbox, losses, 'bbox_pred',
                    args.bbox_pred_loss_weight)

  if args.predicate_pred_loss_weight > 0:
    loss_predicate = F.cross_entropy(predicate_scores, predicates)
    total_loss = add_loss(total_loss, loss_predicate, losses, 'predicate_pred',
                    args.predicate_pred_loss_weight)

  if args.mask_loss_weight > 0 and masks is not None and masks_pred is not None:
    mask_loss = F.binary_cross_entropy(masks_pred, masks.float())
    total_loss = add_loss(total_loss, mask_loss, losses, 'mask_loss',
                    args.mask_loss_weight)
  return total_loss, losses
```

然后，根据设置的参数对模型进行加载，这里调用前面写的类代码，具体代码如下：

```
float_dtype = torch.FloatTensor
long_dtype = torch.LongTensor

vocab, train_loader, val_loader = build_loaders(args)
model, model_kwargs = build_model(args, vocab)
model.type(float_dtype)
print(model)

optimizer = torch.optim.Adam(model.parameters(), lr=args.learning_rate)

obj_discriminator, d_obj_kwargs = build_obj_discriminator(args, vocab)
img_discriminator, d_img_kwargs = build_img_discriminator(args, vocab)
gan_g_loss, gan_d_loss = get_gan_losses(args.gan_loss_type)

if obj_discriminator is not None:
    obj_discriminator.type(float_dtype)
    obj_discriminator.train()
    print(obj_discriminator)
    optimizer_d_obj = torch.optim.Adam(obj_discriminator.parameters(),
                                lr=args.learning_rate)

if img_discriminator is not None:
    img_discriminator.type(float_dtype)
    img_discriminator.train()
    print(img_discriminator)
    optimizer_d_img = torch.optim.Adam(img_discriminator.parameters(),
```

```
                                    lr=args.learning_rate)
restore_path = None
if args.restore_from_checkpoint:
    restore_path = '%s_with_model.pt' % args.checkpoint_name
    restore_path = os.path.join(args.output_dir, restore_path)
if restore_path is not None and os.path.isfile(restore_path):
    print('Restoring from checkpoint:')
    print(restore_path)
    checkpoint = torch.load(restore_path)
    model.load_state_dict(checkpoint['model_state'])
    optimizer.load_state_dict(checkpoint['optim_state'])

    if obj_discriminator is not None:
        obj_discriminator.load_state_dict(checkpoint['d_obj_state'])
        optimizer_d_obj.load_state_dict(checkpoint['d_obj_optim_state'])

    if img_discriminator is not None:
        img_discriminator.load_state_dict(checkpoint['d_img_state'])
        optimizer_d_img.load_state_dict(checkpoint['d_img_optim_state'])

    t = checkpoint['counters']['t']
    if 0 <= args.eval_mode_after <= t:
        model.eval()
    else:
        model.train()
    epoch = checkpoint['counters']['epoch']
else:
    t, epoch = 0, 0
    checkpoint = {
        'args': args.__dict__,
        'vocab': vocab,
        'model_kwargs': model_kwargs,
        'd_obj_kwargs': d_obj_kwargs,
        'd_img_kwargs': d_img_kwargs,
        'losses_ts': [],
        'losses': defaultdict(list),
        'd_losses': defaultdict(list),
        'checkpoint_ts': [],
        'train_batch_data': [],
        'train_samples': [],
        'train_iou': [],
        'val_batch_data': [],
        'val_samples': [],
        'val_losses': defaultdict(list),
        'val_iou': [],
```

```
    'norm_d': [],
    'norm_g': [],
    'counters': {
        't': None,
        'epoch': None,
    },
    'model_state': None, 'model_best_state': None, 'optim_state': None,
    'd_obj_state': None, 'd_obj_best_state': None, 'd_obj_optim_state': None,
    'd_img_state': None, 'd_img_best_state': None, 'd_img_optim_state': None,
    'best_t': [],
}
```

执行代码，结果如图 6-19 所示，可以看到输出了模型和训练参数。

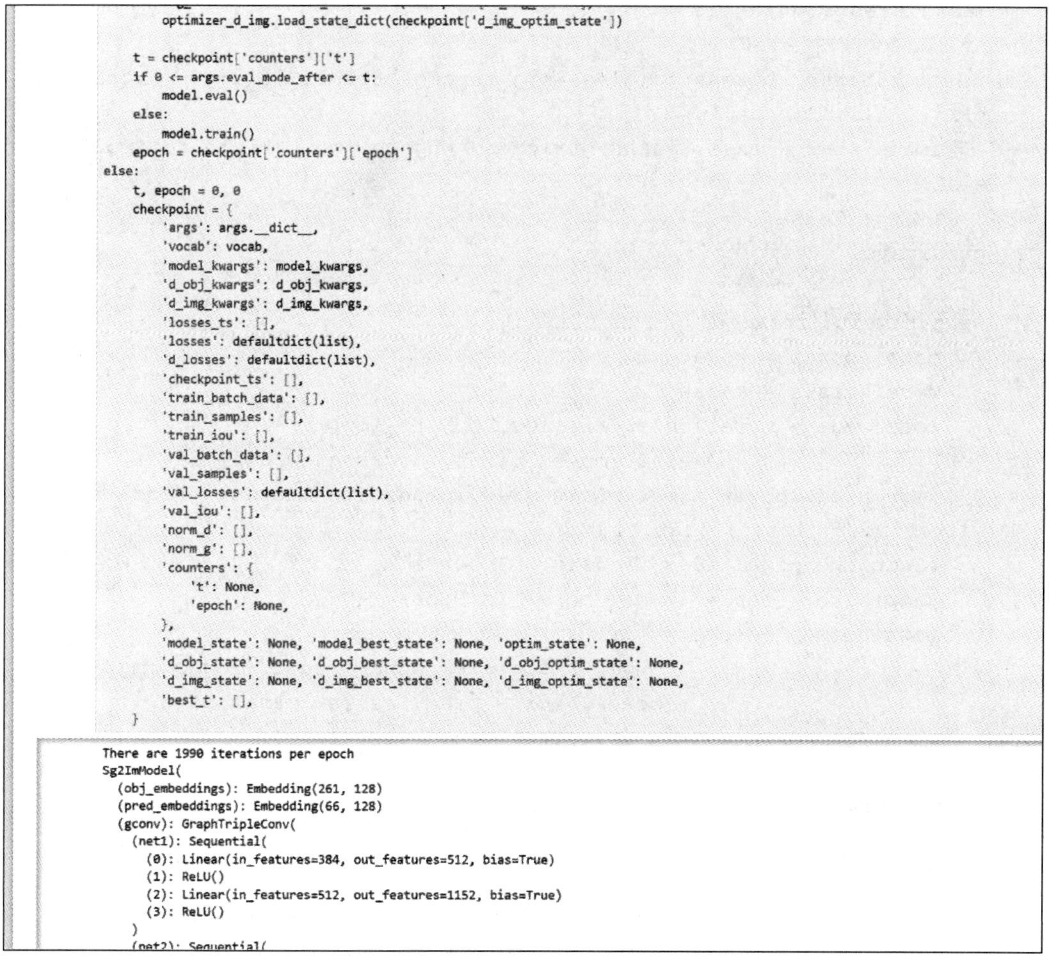

图 6-19　输出的模型和训练参数

4. 模型训练与测试

接下来，开始训练模型。对模型进行测试和存储的频率是在参数集中设置的，因此下面的代码既是模型的训练代码又是模型的测试代码，具体如下：

```python
while True:
    if t >= args.num_iterations:
        break
    epoch += 1
    print('Starting epoch %d' % epoch)

    for batch in train_loader:
        if t == args.eval_mode_after:
            print('switching to eval mode')
            model.eval()
            optimizer = optim.Adam(model.parameters(), lr=args.learning_rate)
        t += 1
        batch = [tensor.cpu() for tensor in batch]
        masks = None
        if len(batch) == 6:
            imgs, objs, boxes, triples, obj_to_img, triple_to_img = batch
        elif len(batch) == 7:
            imgs, objs, boxes, masks, triples, obj_to_img, triple_to_img = batch
        else:
            assert False
        predicates = triples[:, 1]

        with timeit('forward', args.timing):
            model_boxes = boxes
            model_masks = masks
            model_out = model(objs, triples, obj_to_img,
                        boxes_gt=model_boxes, masks_gt=model_masks)
            imgs_pred, boxes_pred, masks_pred, predicate_scores = model_out
        with timeit('loss', args.timing):
            #Skip the pixel loss if using GT boxes
            skip_pixel_loss = (model_boxes is None)
            total_loss, losses = calculate_model_losses(
                            args, skip_pixel_loss, model, imgs, imgs_pred,
                            boxes, boxes_pred, masks, masks_pred,
                            predicates, predicate_scores)

        if obj_discriminator is not None:
            scores_fake, ac_loss = obj_discriminator(imgs_pred, objs, boxes,
obj_to_img)
            total_loss = add_loss(total_loss, ac_loss, losses, 'ac_loss',
                        args.ac_loss_weight)
            weight = args.discriminator_loss_weight * args.d_obj_weight
            total_loss = add_loss(total_loss, gan_g_loss(scores_fake), losses,
                        'g_gan_obj_loss', weight)

        if img_discriminator is not None:
```

```
        scores_fake = img_discriminator(imgs_pred)
        weight = args.discriminator_loss_weight * args.d_img_weight
        total_loss = add_loss(total_loss, gan_g_loss(scores_fake), losses,
                        'g_gan_img_loss', weight)

    losses['total_loss'] = total_loss.item()
    if not math.isfinite(losses['total_loss']):
        print('WARNING: Got loss = NaN, not backpropping')
        continue

    optimizer.zero_grad()
    with timeit('backward', args.timing):
        total_loss.backward()
    optimizer.step()
    total_loss_d = None
    ac_loss_real = None
    ac_loss_fake = None
    d_losses = {}

    if obj_discriminator is not None:
        d_obj_losses = LossManager()
        imgs_fake = imgs_pred.detach()
        scores_fake, ac_loss_fake = obj_discriminator(imgs_fake, objs, boxes,
obj_to_img)
        scores_real, ac_loss_real = obj_discriminator(imgs, objs, boxes,
obj_to_img)

        d_obj_gan_loss = gan_d_loss(scores_real, scores_fake)
        d_obj_losses.add_loss(d_obj_gan_loss, 'd_obj_gan_loss')
        d_obj_losses.add_loss(ac_loss_real, 'd_ac_loss_real')
        d_obj_losses.add_loss(ac_loss_fake, 'd_ac_loss_fake')

        optimizer_d_obj.zero_grad()
        d_obj_losses.total_loss.backward()
        optimizer_d_obj.step()

    if img_discriminator is not None:
        d_img_losses = LossManager()
        imgs_fake = imgs_pred.detach()
        scores_fake = img_discriminator(imgs_fake)
        scores_real = img_discriminator(imgs)

        d_img_gan_loss = gan_d_loss(scores_real, scores_fake)
        d_img_losses.add_loss(d_img_gan_loss, 'd_img_gan_loss')

        optimizer_d_img.zero_grad()
```

```
        d_img_losses.total_loss.backward()
        optimizer_d_img.step()

    if t % args.print_every == 0:
        print('t = %d / %d' % (t, args.num_iterations))
        for name, val in losses.items():
            print(' G [%s]: %.4f' % (name, val))
            checkpoint['losses'][name].append(val)
        checkpoint['losses_ts'].append(t)

    if obj_discriminator is not None:
        for name, val in d_obj_losses.items():
            print(' D_obj [%s]: %.4f' % (name, val))
            checkpoint['d_losses'][name].append(val)

    if img_discriminator is not None:
        for name, val in d_img_losses.items():
            print(' D_img [%s]: %.4f' % (name, val))
            checkpoint['d_losses'][name].append(val)

    if t % args.checkpoint_every == 0:
        print('checking on train')
        train_results = check_model(args, t, train_loader, model)
        t_losses, t_samples, t_batch_data, t_avg_iou = train_results

        checkpoint['train_batch_data'].append(t_batch_data)
        checkpoint['train_samples'].append(t_samples)
        checkpoint['checkpoint_ts'].append(t)
        checkpoint['train_iou'].append(t_avg_iou)

        print('checking on val')
        val_results = check_model(args, t, val_loader, model)
        val_losses, val_samples, val_batch_data, val_avg_iou = val_results
        checkpoint['val_samples'].append(val_samples)
        checkpoint['val_batch_data'].append(val_batch_data)
        checkpoint['val_iou'].append(val_avg_iou)

        print('train iou: ', t_avg_iou)
        print('val iou: ', val_avg_iou)

        for k, v in val_losses.items():
            checkpoint['val_losses'][k].append(v)
        checkpoint['model_state'] = model.state_dict()

        if obj_discriminator is not None:
            checkpoint['d_obj_state'] = obj_discriminator.state_dict()
```

```
        checkpoint['d_obj_optim_state'] = optimizer_d_obj.state_dict()

    if img_discriminator is not None:
        checkpoint['d_img_state'] = img_discriminator.state_dict()
        checkpoint['d_img_optim_state'] = optimizer_d_img.state_dict()

    checkpoint['optim_state'] = optimizer.state_dict()
    checkpoint['counters']['t'] = t
    checkpoint['counters']['epoch'] = epoch
    checkpoint_path = os.path.join(args.output_dir,
                            '%s_with_model.pt' % args.checkpoint_name)
    print('Saving checkpoint to ', checkpoint_path)
    torch.save(checkpoint, checkpoint_path)

    #Save another checkpoint without any model or optim state
    checkpoint_path = os.path.join(args.output_dir,
                            '%s_no_model.pt' % args.checkpoint_name)
    key_blacklist = ['model_state', 'optim_state', 'model_best_state',
                  'd_obj_state', 'd_obj_optim_state', 'd_obj_best_state',
                  'd_img_state', 'd_img_optim_state', 'd_img_best_state']
    small_checkpoint = {}
    for k, v in checkpoint.items():
        if k not in key_blacklist:
            small_checkpoint[k] = v
    torch.save(small_checkpoint, checkpoint_path)
```

执行代码，可以看到训练已经开始，如图 6-20 所示。

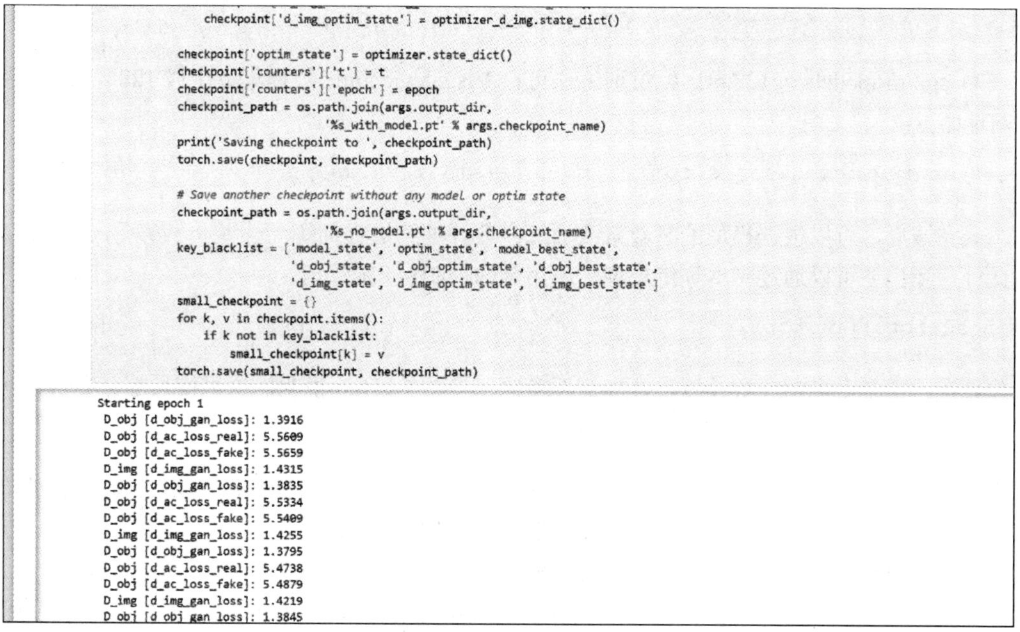
```
        checkpoint['d_img_optim_state'] = optimizer_d_img.state_dict()

    checkpoint['optim_state'] = optimizer.state_dict()
    checkpoint['counters']['t'] = t
    checkpoint['counters']['epoch'] = epoch
    checkpoint_path = os.path.join(args.output_dir,
                          '%s_with_model.pt' % args.checkpoint_name)
    print('Saving checkpoint to ', checkpoint_path)
    torch.save(checkpoint, checkpoint_path)

    # Save another checkpoint without any model or optim state
    checkpoint_path = os.path.join(args.output_dir,
                          '%s_no_model.pt' % args.checkpoint_name)
    key_blacklist = ['model_state', 'optim_state', 'model_best_state',
                  'd_obj_state', 'd_obj_optim_state', 'd_obj_best_state',
                  'd_img_state', 'd_img_optim_state', 'd_img_best_state']
    small_checkpoint = {}
    for k, v in checkpoint.items():
        if k not in key_blacklist:
            small_checkpoint[k] = v
    torch.save(small_checkpoint, checkpoint_path)

Starting epoch 1
 D_obj [d_obj_gan_loss]: 1.3916
 D_obj [d_ac_loss_real]: 5.5609
 D_obj [d_ac_loss_fake]: 5.5659
 D_img [d_img_gan_loss]: 1.4315
 D_obj [d_obj_gan_loss]: 1.3835
 D_obj [d_ac_loss_real]: 5.5334
 D_obj [d_ac_loss_fake]: 5.5409
 D_img [d_img_gan_loss]: 1.4255
 D_obj [d_obj_gan_loss]: 1.3795
 D_obj [d_ac_loss_real]: 5.4738
 D_obj [d_ac_loss_fake]: 5.4879
 D_img [d_img_gan_loss]: 1.4219
 D_obj [d_obj_gan_loss]: 1.3845
```

图 6-20　训练已经开始

根据输出的数据可以看出，生成图像的总 loss 从第 1 次的 2.8276 下降到第 5 000 次的 1.4658，整体呈波动下降趋势，说明训练产生了效果。

此时直接保存的存档点包含模型的训练信息，训练完毕后，将会获得一个类似于 checkpoint_with_model.pt 格式的模型文件，这个文件保存了训练时获得的数据，并且可以从此文件开始继续进行训练。

由于保存的检查点模型不仅包含模型参数，还包含优化器状态、损失、生成图像的历史记录和其他统计信息。此信息对于调试模型有用，但会使保存的文件非常大。可以在控制台中使用以下这行代码，从已保存的检查点中删除所有额外信息，并仅保存经过训练的模型。

```
python scripts/strip_checkpoint.py --input_checkpoint checkpoint_with_model.pt
--output_checkpoint checkpoint_stripped.pt
```

第 1 个超参数是模型所在的目录，第 2 个超参数是模型输出的目录。

为了快速获得有效的模型效果，还可以通过运行脚本来下载作者的预训练模型。如果已经安装了 bash 环境，可以运行此代码：

```
bash scripts/download_models.sh
```

在未安装 bash 环境时，可以通过这些网址手动下载三个预训练模型。

（1）sg2im-models/coco64.pt：经过训练，可在 COCO-Stuff 数据集上生成 64×64 的图像。官方网址如下：

```
https://storage.googleapis.com/sg2im-data/small/coco64.pt
```

（2）sg2im-models/vg64.pt：经过训练，可在 Visual Genome 数据集上生成 64×64 的图像。官方网址如下：

```
https://storage.googleapis.com/sg2im-data/small/vg64.pt
```

（3）sg2im-models/vg128.pt：经过训练，可在 Visual Genome 数据集上生成 128×128 的图像。官方网址如下：

```
https://storage.googleapis.com/sg2im-data/small/vg128.pt
```

下载完毕后，可以根据模型的参数修改训练参数并继续进行训练。

此外，我们还可以通过脚本训练模型，所用到的控制台代码如下：

```
python scripts/train.py
```

作者在给出了众多超参数设置，具体需要参照作者的 GitHub 说明，这里摘录部分参数说明。这些参数控制用于训练的模型的主要参数设置。

- --batch_size: 在训练期间，每个批次使用多少对场景图和图像进行训练。默认值为 32。
- --num_iterations: 训练迭代次数。默认值为 1 000 000。
- --learning_rate: 在 Adam 优化器中使用的学习率，默认值为 1e-4。
- --eval_mode_after: 生成器在"训练"模式下进行多次迭代的训练，之后在"评估"模式下继续训练。因为如果模型仅在"训练"模式下训练，那么若测试批次的大小或组成与训练期间使用的图像不同，则生成的图像可能会产生严重的伪影。

这些参数控制用于训练的数据集。

● --dataset: 用于训练的数据集，必须是 coco 或 vg。默认值为 coco。

● --image_size: 要生成的图像大小，以整数元组的形式表示。默认值为 64,64。这也是预测场景布局的分辨率。

● --num_train_samples: 训练集中要使用的图像数。默认值为 None，这意味着将使用整个训练集。

● --num_val_samples: 要使用的验证集中的图像数。默认值为 1024。

● --shuffle_val: 是否从验证集中随机播放样本。默认值为 True。

这些参数控制生成器的架构和损失超参数，生成器输入场景图并输出图像。

● --mask_size: 整数，给出预测对象的实例分割掩码的分辨率。默认值为 16。如果将此值设置为 0，则模型将省略掩码预测子网，而是使用整个对象边界框作为掩码。

● --embedding_dim: 整数，给出第一个图形卷积层之前对象和关系的嵌入层的维度。默认值为 128。

● --gconv_dim: 整数，给出图卷积层中向量的维度。默认值为 128。

● --gconv_hidden_dim: 整数，给出每个图卷积层内隐藏维度的维度。默认值为 512。

● --gconv_num_layers: 要使用的图卷积层数。默认值为 5。

● --mlp_normalization: 用于图卷积层和框预测子网内 MLP 中线性层的归一化类型（如果有）。该选项为 none（默认值），表示不使用规范化；该选项为 batch，表示使用批量规范化。

● --refinement_network_dims: 逗号分隔的整数列表，指定用于生成图像的级联细化网络的架构，默认值为（1024,512,256,128,64）、表示使用 5 个细化模块，第 1 个包含 1024 幅特征图，第 2 个包含 512 幅特征图，以此类推。在每个连续的细化模块之间，特征图的空间分辨率翻了一番。

● --normalization: 要在级联细化网络中使用的归一化层的类型。选项为 batch（默认）表示批量规范化，instance 表示实例规范化，none 表示无规范化。

● --activation: 在级联细化网络中使用的激活函数，默认值为负斜率等于 0.2 的 Leaky ReLU（leakyrelu-0.2）。

● --layout_noise_dim: 在馈送到级联细化网络之前，与场景布局连接的随机噪声通道数。默认值为 32。

生成器针对两个鉴别器进行对抗性训练：图像鉴别器，用于确保生成图像看起来逼真；对象鉴别器，用于确保生成的对象是符合要求的。下面这些标志适用于两个鉴别器。

● --discriminator_loss_weight: 训练生成器时分配给判别器损失的权重。默认值为 0.01。

● --gan_loss_type: 要使用的 GAN 损失函数。默认值为'gan'，即原始的 GAN 损失函数。对于最小二乘 GAN，也可以是'lsgan'；或者对于 Wasserstein GAN 损失，也可以是'wgan'.

● --d_clip: 对于 WGAN 的裁剪鉴别器权重的值。默认值为无剪裁。

这些参数控制训练脚本的输出相关设置。

- --print_every：每几次迭代会打印并记录训练损失。默认值为 10。
- --timing：如果此标志设置为 1，则测量并打印每个模型组件执行所需的时间。
- --checkpoint_every：每几次迭代都会将检查点保存到磁盘中。默认值为 10000。每个检查点都包含训练损失的历史记录、从训练集和值集场景图生成的图像的历史记录、生成器、鉴别器和优化器的当前状态，以及在训练中断时恢复训练所需的所有其他状态信息。
- --output_dir：检查点将保存到的目录。默认值为当前目录。
- --checkpoint_name：已保存检查点的基本文件名，默认值为 checkpoint，因此具有模型参数的检查点的文件名将为 checkpoint_with_model.pt，而不带模型参数的检查点的文件名将为 checkpoint_no_model.pt。
- --restore_from_checkpoint：默认行为是从头开始训练，并覆盖输出检查点路径（如果已存在）。如果此标志设置为 1，则改为从输出检查点文件（如果已存在）恢复训练。
- --checkpoint_start_from：默认行为是从头开始训练，如果给出此标志，则改为从指定的检查点恢复训练（与 restore_from_checkpoint 冲突时，优先选择 checkpoint_start_from 指定的文件）。

5. 使用预训练模型生成图像

要使用训练后的模型生成图像，需要准备场景图文件，作者在 GitHub 中给出了场景图文件的实例，可以使用此实例进行生成，也可以自行编写。场景图的格式如下：

```
[
{
  "objects": ["sky", "grass", "sheep", "sheep"],
  "relationships": [
    [0, "above", 1],
    [2, "standing on", 1],
    [3, "by", 2]
  ]
}
]
```

这一实例描述了在天空下的草地上，站立着的两只绵羊。使用场景图的形式进行描述，也可以写成如图 6-21 所示的样子。

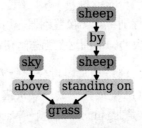

图 6-21　场景图的图表示

然后，根据模型和数据的位置初始化图像生成程序，具体代码如下：

```
import argparse, json, os

from imageio import imwrite
import torch

from sg2im.model import Sg2ImModel
from sg2im.data.utils import imagenet_deprocess_batch
import sg2im.vis as vis

#参数集类
class args():
    checkpoint = 'sg2im-models/vg128.pt'
    scene_graphs_json = 'scene_graphs/figure_6_sheep.json'
    output_dir = 'outputs'
    draw_scene_graphs = 0
    device = 'cpu'

if not os.path.isfile(args.checkpoint):
    print('ERROR: Checkpoint file "%s" not found' % args.checkpoint)
    print('Maybe you forgot to download pretraind models? Try running:')
    print('bash scripts/download_models.sh')
    raise SystemExit('Running failed!')

if not os.path.isdir(args.output_dir):
    print('Output directory "%s" does not exist; creating it' % args.output_dir)
    os.makedirs(args.output_dir)

if args.device == 'cpu':
    device = torch.device('cpu')
elif args.device == 'gpu':
    device = torch.device('cuda:0')
    if not torch.cuda.is_available():
        print('WARNING: CUDA not available; falling back to CPU')
        device = torch.device('cpu')
```

接下来，从文件载入预训练模型，具体代码如下：

```
map_location = 'cpu' if device == torch.device('cpu') else None
checkpoint = torch.load(args.checkpoint, map_location=map_location)
model = Sg2ImModel(**checkpoint['model_kwargs'])
model.load_state_dict(checkpoint['model_state'])
model.eval()
model.to(device)
```

运行代码，结果如图 6-22 所示，可以看到输出了模型的参数。

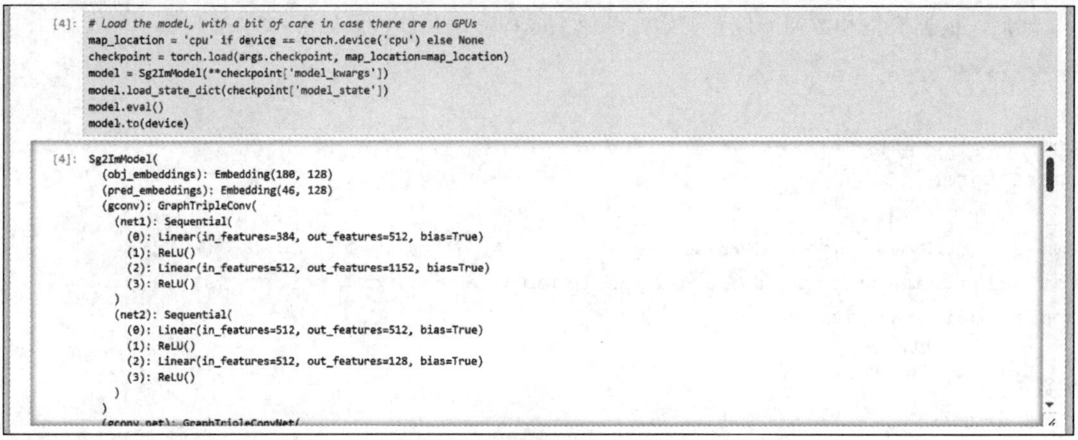

```
[4]: # Load the model, with a bit of care in case there are no GPUs
map_location = 'cpu' if device == torch.device('cpu') else None
checkpoint = torch.load(args.checkpoint, map_location=map_location)
model = Sg2ImModel(**checkpoint['model_kwargs'])
model.load_state_dict(checkpoint['model_state'])
model.eval()
model.to(device)

[4]: Sg2ImModel(
  (obj_embeddings): Embedding(180, 128)
  (pred_embeddings): Embedding(46, 128)
  (gconv): GraphTripleConv(
    (net1): Sequential(
      (0): Linear(in_features=384, out_features=512, bias=True)
      (1): ReLU()
      (2): Linear(in_features=512, out_features=1152, bias=True)
      (3): ReLU()
    )
    (net2): Sequential(
      (0): Linear(in_features=512, out_features=512, bias=True)
      (1): ReLU()
      (2): Linear(in_features=512, out_features=128, bias=True)
      (3): ReLU()
    )
  )
```

图 6-22 输出的模型的参数

为了开始训练，还需要将场景图数据载入程序，具体代码如下：

```
with open(args.scene_graphs_json, 'r') as f:
    scene_graphs = json.load(f)
```

运行代码后，场景图被读入内存。

生成图像的具体代码如下：

```
with torch.no_grad():
    imgs, boxes_pred, masks_pred, _ = model.forward_json(scene_graphs)
imgs = imagenet_deprocess_batch(imgs)
```

执行代码后，结果如图 6-23 所示，可能会输出警告信息。

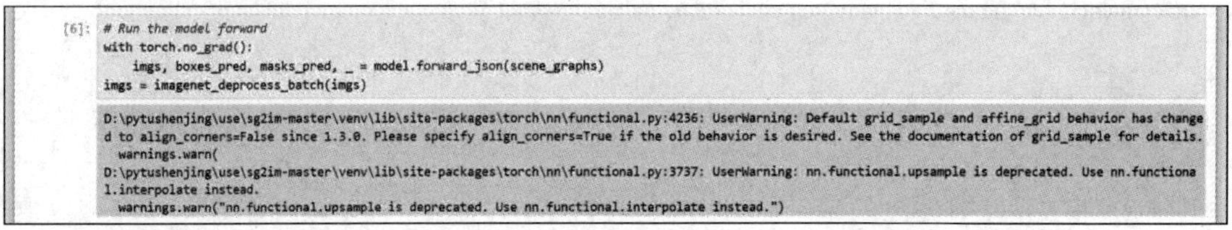

```
[6]: # Run the model forward
with torch.no_grad():
    imgs, boxes_pred, masks_pred, _ = model.forward_json(scene_graphs)
imgs = imagenet_deprocess_batch(imgs)

D:\pytushenjing\use\sg2im-master\venv\lib\site-packages\torch\nn\functional.py:4236: UserWarning: Default grid_sample and affine_grid behavior has change
d to align_corners=False since 1.3.0. Please specify align_corners=True if the old behavior is desired. See the documentation of grid_sample for details.
  warnings.warn(
D:\pytushenjing\use\sg2im-master\venv\lib\site-packages\torch\nn\functional.py:3737: UserWarning: nn.functional.upsample is deprecated. Use nn.functiona
l.interpolate instead.
  warnings.warn("nn.functional.upsample is deprecated. Use nn.functional.interpolate instead.")
```

图 6-23 执行结果

存储图像的具体代码如下：

```
for i in range(imgs.shape[0]):
    img_np = imgs[i].numpy().transpose(1, 2, 0)
    img_path = os.path.join(args.output_dir, 'img%06d.png' % i)
    imwrite(img_path, img_np)
```

运行代码后，可在指定的文件夹中看到生成的图像。然后，还可以通过修改参数集的 draw_scene_graphs 使程序将所用到的场景图生成可视化场景图，具体代码如下：

```
if args.draw_scene_graphs == 1:
    for i, sg in enumerate(scene_graphs):
        sg_img = vis.draw_scene_graph(sg['objects'], sg['relationships'])
```

```
sg_img_path = os.path.join(args.output_dir, 'sg%06d.png' % i)
imwrite(sg_img_path, sg_img)
```

此外，我们还可以通过脚本运行模型以获得图像，需要运行以下控制台代码：

```
python scripts/run_model.py
```

这一示例代码也有一些超参数可供设置，这些超参数的描述如下。

- --checkpoint：模型使用的检查点文件目录和文件。
- --scene_graphs：模型使用的场景图目录和文件。
- --output_dir：输出生成的图像文件的目录。
- --device：训练使用的设备，可以填写 cpu 或 gpu，默认值为 gpu。

经过运行，模型根据上面的场景图描述生成的图像如图 6-24 所示。

图 6-24　sg2im 生成的草原羊群图

基于场景图的图像生成方法是一种有趣且有用的技术，但是它也存在一些局限性，例如：

（1）场景图的表示能力有限。场景图只能描述对象和关系的存在和类别，但不能描述对象和关系的具体属性，例如形状、颜色、大小、方向、距离等。这些属性对于生成真实和细致的图像是很重要的，但是场景图无法表达。

（2）图像的合成和细化难度大。图像的合成是指根据场景图中的对象和关系生成一个初步的图像。对合成的图像进行后处理，使其更加清晰和逼真，其步骤都需要考虑图像的布局、遮挡、光照、纹理、透视等因素，这些因素往往难以从场景图中推断出来。

（3）图像的多样性和一致性难以平衡。图像的多样性是指生成的图像能够反映场景图的不同可能性，例如不同的视角、不同的风格、不同的细节等。图像的一致性是指生成的图像能够与场景图的语义相符，例如对象和关系的正确匹配、对象的合理位置、关系的合适表达等。这两个目标往往是相互矛盾的，增加多样性可能会降低一致性，增加一致性可能会降低多样性。

这些局限性是基于场景图的图像生成方法目前面临的主要挑战，也是未来研究的重要方向。

最后，我们以一幅由 sg2im 生成的海上小船图来结束本章内容，如图 6-25 所示。

图 6-25　sg2im 生成的海上小船图

第7章

图神经网络在推荐系统领域的应用

推荐系统是利用用户行为数据来预测用户对商品、内容或服务的喜好，从而提供个性化的推荐。图神经网络通过对用户、物品、行为等元素之间的关系进行建模，可以有效地改进推荐系统的性能，特别是处理复杂的用户行为图、社交关系和异构信息时表现出色。

图神经网络在推荐系统领域的应用主要体现在以下方面。

- 基于用户-物品的推荐：在推荐系统中，用户和物品可以被视为图的节点，而用户对物品的交互行为（如点击、购物、评价等）可以表示为边。图神经网络可以通过学习节点和边之间的表示，从而更好地捕捉用户和物品之间的关系，以提供更准确的推荐结果。

- 社交关系建模：在社交网络中，人们与其他人之间存在着复杂的社交关系。图神经网络可以有效地建模这些社交关系，帮助识别用户的兴趣和偏好，从而改进推荐的准确性。

- 异构信息融合：推荐系统中的信息形式往往是多样化的，包括文本、图像、视频等。图神经网络可以处理这些异构信息，将不同类型的数据连接起来，以提供更丰富的特征表示，从而提高推荐的个性化程度。

- 跨域推荐：图神经网络可以在不同领域之间建立联系，实现跨域推荐。例如，将电影推荐和音乐推荐相结合，通过学习用户在不同领域的行为，提供更全面的推荐服务。

- 知识图谱融合：知识图谱包含丰富的实体和关系信息，可以用于丰富推荐系统的表示。图神经网络可以将知识图谱中的信息与用户行为数据结合起来，为用户提供更精准的推荐。

图神经网络以其强大的表征能力在推荐系统领域走出了令人瞩目的一步。这些成就不仅限于上文所述的应用范围，其中以基于用户-物品的推荐为研究的重中之重。本章将以用户-物品的推荐为例，深入探究图神经网络在推荐系统研究中的引人注目之处，内容包括：

- 用户兴趣建模实现

- 推荐算法实现
- 广告推荐实现

7.1 基于图神经网络的用户兴趣建模实现

在推荐系统中，用户与物品信息及其交互信息可以表示为图数据，比如，用户-物品二部图如图 7-1 所示，用户和物品可以表示为图的节点，用户与物品之间的交互关系可以表示为边。

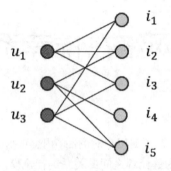

图 7-1   用户-物品二部图

图神经网络通过把用户和物品数据建模成图形式，有助于数据的处理，同时也容易看出这些数据的潜在信息，比如针对用户 u_1 进行分析，可以直观地看到 u_1 与物品 i_1、i_2、i_3 存在交互，但是与 i_4、i_5 的联系并不明显，但是通过如图 7-2 所示的连通图，就能够直观地看到与用户 u_1 所有关联的用户和物品，物品 i_5 与用户 u_1 之间存在两条间接路径，而与物品 i_4 之间只存在一条间接路径，故 i_5 与 u_1 的联系更加紧密，相较于 i_4，应该把 i_5 推荐给 u_1。

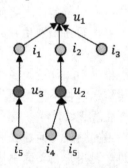

图 7-2 u_1 的连通图

总而言之，用户兴趣往往涉及多种复杂的关系，包括用户与物品的交互、用户社交关系、物品间的相似性等。图神经网络可以将这些关系表示为图的节点和边，通过节点表示学习，捕捉这些关系的内在模式，从而更全面地理解用户兴趣。此外，图神经网络还可以聚合邻居节点的信息来更新目标节点的表示，这意味着在用户兴趣建模时，能够将用户历史行为和社交关系等邻居信息融合到用户节点的表示中，以获得更丰富的特征表示。

7.2　基于图神经网络的推荐算法实现

首先明确，我们的推荐算法是为了找出用户 u 对物品 i 的偏好情况，如图 7-1 所示的二部图可以转换为如图 7-3 所示的矩阵形式，1 表示用户 u 与物品 i 有交互，0 表示用户 u 与物品 i 没有交互。

	i_1	i_2	i_3	i_4	i_5
u_1	1	1	1	0	0
u_2	0	1	0	1	1
u_3	1	0	1	0	1

图 7-3　用户-物品交互矩阵

从上面的用户-物品交互矩阵中可以看出用户对物品的偏好，为了利用好这些偏好信息，我们需要将交互矩阵送入图神经网络中，以获得每个节点的表示。推荐算法中的图神经网络通常包含信息传播和信息聚合两个主要部分。信息传播是为了获得更多的有效信息，从图 7-2 中可以看到，u_1 通过传播邻居的信息能够得到其对物品 i_5 的偏好信息，从而使得 u_1 节点表示的信息更全面。信息聚合则是在传播邻居的信息之后，对每个节点的表示进行聚合，以同步每一层的图神经网络。

在信息传播中，我们需要得到节点嵌入传播的表达，如图 7-4 所示，在嵌入传播中，有 $u \leftarrow i$ 的传播和 $u \leftarrow u$ 的传播。

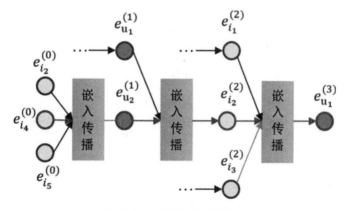

图 7-4　u_1 的 3 层信息传播

在第 0 层中，$u \leftarrow i$ 的传播可以表示为：

$$m_{u \leftarrow i} = \frac{1}{\sqrt{|\mathcal{N}_u||\mathcal{N}_i|}}(W_1 e_i + W_2(e_i \odot e_u))$$

其中，$W_1, W_1 \in \mathbb{R}^{d' \times d}$ 是可训练矩阵，$\mathcal{N}_u$ 和 $\mathcal{N}_i$ 分别表示用户 u 的邻居数量和物品 i 的邻居数量。e_u 和 e_i 是用户 u 和物品 i 的嵌入表达。那么在图神经网络的第 l 层中的传播可以表示为：

$$m_{u\leftarrow i}^{(l)} = p_{ui}(W_1^{(l)} e_i^{(l-1)} + W_2^{(l)}(e_i^{(l-1)} \odot e_u^{(l-1)}))$$
$$m_{u\leftarrow u}^{(l)} = W_1^{(l)} e_u^{(l-1)}$$

信息聚合则是聚合邻居信息传播的消息，已得到整体的用户节点 u 的嵌入表达，即：

$$e_u^{(l)} = \text{LeakReLU}(m_{u\leftarrow u}^{(l)} + \sum_{i\in\mathcal{N}_u} m_{u\leftarrow i}^{(l)})$$

在经过信息传播和信息聚合之后，就可以得到每个用户 u 和物品 i 的完整嵌入表达 e_u 和 e_i。
e_u 和 e_i 被用来预测用户 u 对物品 i 的偏好程度，预测函数为：

$$y(u,i) = e_u^{\text{T}} e_i$$

$y(u,i)$ 可以看作得分。为了学习算法参数，我们使用成对的贝叶斯个性化排名损失（Bayesian Personalized Ranking，BPR）来优化算法，BPR 考虑了观察到的和未观察到的用户-物品交互之间的相对顺序，即 BPR 认为，观察到的交互更能反映用户的偏好，应该赋予比未观察到的交互更高的预测值。具体公式为：

$$\text{Loss} = \sum_{(u,i,j)\in O} -\ln\sigma(\hat{y}_{ui} - \hat{y}_{uj}) + \lambda||\Theta||_2^2$$

7.3 基于图神经网络的广告推荐实现

本节将实现一个基于轻量级的图卷积神经网络的推荐模型，然后通过模型生成一个 Top@K 的物品推荐列表，并且在 Beibei 数据集上测试其性能。

首先，查看 Beibei 数据集的信息，如表 7-1 所示。

表7-1 Beibei数据集的信息

数 据 集	用 户 数 量	物 品 数 量	交 互 数 量
Beibei	21716	7977	282860

我们把 Beibei 数据集划分为训练集和测试集这两个文件。然后读取这两个文件中的数据，看看其表现形式，如图 7-5 所示为前 11 个训练集数据。

```
0 1784 1814 2812 4397 5434
1 991 1206 1657 1920 3755 4392 5325 5465 5517 6347 6718
2 2864 2946 4446 4744 5878 6134 6467 6891 7770
3 1703 1827 2402 2466 2746 2889 3177 4457 5878
4 414 742 769 1814 1829 2114 2118 4543 5174 5392 5559 5909 6995 7015 7264
5 406 1657 2149 2979 3132 4193 5358 5808 7109 7609 7917
6 2030 2149 3331 4371 6305
7 93 3949 5434 5944 7092
8 158 1133 1641 1642 2824 2906 4551 4805 6877 6886
9 140 734 903 956 1189 3537 4171 4330 5028
10 2979 3564 3583 3888 4036 4140 4403 4530
```

图 7-5 前 11 个训练集数据

7.3.1　数据预处理

为了方便使用图卷积神经网络，我们需要先将数据转换成图数据，这里我们创建一个 Python 文件，命名为 LoadData.py。为了方便理解数据预处理的框架流程，我们先定义一个基本类 BasicDataset，该类继承 torch 中的 Dataset。

1. 导入需要使用的包

```python
import os
from os.path import join
import sys
import torch
import numpy as np
import pandas as pd
from torch.utils.data import Dataset, DataLoader
from scipy.sparse import csr_matrix
import scipy.sparse as sp
import world          #一个参数设置文件，见 7.3.3 节
from world import cprint
from time import time
```

2. 创建 BasicDataset 类，熟悉数据预处理框架

```python
class BasicDataset(Dataset):
    def __init__(self):
        print("init dataset")
    @property
    def n_users(self):
        raise NotImplementedError
    @property
    def m_items(self):
        raise NotImplementedError
    @property
    def trainDataSize(self):
        raise NotImplementedError
    @property
    def testDict(self):
        raise NotImplementedError
    @property
    def allPos(self):
        raise NotImplementedError
    def getUserItemFeedback(self, users, items):
        raise NotImplementedError
    def getUserPosItems(self, users):
        raise NotImplementedError
    def getUserNegItems(self, users):
        """

        not necessary for large dataset
```

```
      it's stupid to return all neg items in super large dataset
      """
      raise NotImplementedError
  def getSparseGraph(self):
      """
      build a graph in torch.sparse.IntTensor.
      Details in NGCF's matrix form
      A =
          |I,   R|
          |R^T, I|
      """
      raise NotImplementedError
```

然后，在文件中创建一个 Loader 类，该类继承 BasicDataset，在 Loader 类中补充数据预处理的一系列操作。在 Loader 类中构造__init__方法，在该方法中，读取训练集和测试集中的文件。

3. 在 Loader 类中构造_init__方法

```
def __init__(self, config=world.config, path="../data/Beibei"):
    #path 是数据集地址
    #train or test
    cprint(f'loading [{path}]')
    self.split = config['A_split']
    self.folds = config['A_n_fold']
    self.mode_dict = {'train': 0, "test": 1}
    self.mode = self.mode_dict['train']
    self.n_user = 0
    self.m_item = 0
    train_file = path + '/train.txt'
    test_file = path + '/test.txt'
    self.path = path
    trainUniqueUsers, trainItem, trainUser = [], [], []
    testUniqueUsers, testItem, testUser = [], [], []
    self.traindataSize = 0
    self.testDataSize = 0

    with open(train_file) as f:
        for l in f.readlines():
            if len(l) > 0:
                l = l.strip().split(' ')
                items = [int(i) for i in l[1:]]
                uid = int(l[0])
                trainUniqueUsers.append(uid)
                trainUser.extend([uid] * len(items))
                trainItem.extend(items)
                self.m_item = max(self.m_item, max(items))
                self.n_user = max(self.n_user, uid)
```

```
                    self.traindataSize += len(items)
        self.trainUniqueUsers = np.array(trainUniqueUsers)
        self.trainUser = np.array(trainUser)
        self.trainItem = np.array(trainItem)

        with open(test_file) as f:
            for l in f.readlines():
                if len(l) > 0:
                    l = l.strip().split(' ')
                    if 'None' in l:
                        continue
                    items = [int(i) for i in l[1:]]
                    uid = int(l[0])
                    testUniqueUsers.append(uid)
                    testUser.extend([uid] * len(items))
                    testItem.extend(items)
                    self.m_item = max(self.m_item, max(items))
                    self.n_user = max(self.n_user, uid)
                    self.testDataSize += len(items)
        self.m_item += 1
        self.n_user += 1
        self.testUniqueUsers = np.array(testUniqueUsers)
        self.testUser = np.array(testUser)
        self.testItem = np.array(testItem)

        self.Graph = None
        print(f"{self.trainDataSize} interactions for training")
        print(f"{self.testDataSize} interactions for testing")
        print(f"{world.dataset} Sparsity : {(self.trainDataSize + self.testDataSize
) / self.n_users / self.m_items}")

        #(users,items), bipartite graph
        self.UserItemNet = csr_matrix((np.ones(len(self.trainUser)), (self.trainUse
r, self.trainItem)),  shape=(self.n_user, self.m_item))
        self.users_D = np.array(self.UserItemNet.sum(axis=1)).squeeze()
        self.users_D[self.users_D == 0.] = 1
        self.items_D = np.array(self.UserItemNet.sum(axis=0)).squeeze()
        self.items_D[self.items_D == 0.] = 1.
        #pre-calculate
        self._allPos = self.getUserPosItems(list(range(self.n_user)))
        self.__testDict = self.__build_test()
        print(f"{world.dataset} is ready to go")
```

为了方便在其他文件中获取 Beibei 数据集中的一些数据，我们在 Loader 类中定义一些方法。

4. 辅助获取等方法

```
@property
    def n_users(self):
        return self.n_user
    @property
    def m_items(self):
        return self.m_item
    @property
    def trainDataSize(self):
        return self.traindataSize
    @property
    def testDict(self):
        return self.__testDict
    @property
    def allPos(self):
        return self._allPos
```

之后，我们需要构建用户-物品二部图的邻接矩阵。

5. 构建图

```
def getSparseGraph(self):
    print("loading adjacency matrix")
    if self.Graph is None:
        try:
            pre_adj_mat = sp.load_npz(self.path+'/s_pre_adj_mat.npz')
            print("successfully loaded...")
            norm_adj = pre_adj_mat
        except :
            print("generating adjacency matrix")
            s = time()
            adj_mat = sp.dok_matrix((self.n_users + self.m_items, self.n_users
+ self.m_items), dtype=np.float32)
            adj_mat = adj_mat.tolil()
            R = self.UserItemNet.tolil()
            adj_mat[:self.n_users, self.n_users:] = R
            adj_mat[self.n_users:, :self.n_users] = R.T
            adj_mat = adj_mat.todok()
            #adj_mat = adj_mat + sp.eye(adj_mat.shape[0])
            rowsum = np.array(adj_mat.sum(axis=1))
            d_inv = np.power(rowsum, -0.5).flatten()
            d_inv[np.isinf(d_inv)] = 0.
            d_mat = sp.diags(d_inv)

            norm_adj = d_mat.dot(adj_mat)
            norm_adj = norm_adj.dot(d_mat)
            norm_adj = norm_adj.tocsr()
```

```
            end = time()
            print(f"costing {end-s}s, saved norm_mat...")
            sp.save_npz(self.path + '/s_pre_adj_mat.npz', norm_adj)

        if self.split == True:
            self.Graph = self._split_A_hat(norm_adj)
            print("done split matrix")
        else:
            self.Graph = self._convert_sp_mat_to_sp_tensor(norm_adj)
            self.Graph = self.Graph.coalesce().to(world.device)
            print("don't split the matrix")
    return self.Graph
```

6. 构件图涉及的两个方法

```
def _split_A_hat(self,A):
    A_fold = []
    fold_len = (self.n_users + self.m_items) // self.folds
    for i_fold in range(self.folds):
        start = i_fold*fold_len
        if i_fold == self.folds - 1:
            end = self.n_users + self.m_items
        else:
            end = (i_fold + 1) * fold_len
        A_fold.append(self._convert_sp_mat_to_sp_tensor(A[start:end]).coalesce(
).to(world.device))
    return A_fold


def _convert_sp_mat_to_sp_tensor(self, X):
    coo = X.tocoo().astype(np.float32)
    row = torch.Tensor(coo.row).long()
    col = torch.Tensor(coo.col).long()
    index = torch.stack([row, col])
    data = torch.FloatTensor(coo.data)
    return torch.sparse.FloatTensor(index, data, torch.Size(coo.shape))
```

通过数据的预处理，最终可以得到用户–物品二部图的图数据表示，即矩阵表示。

7.3.2　模型定义

与数据预处理一样，我们先创建一个 Python 文件，命名为 model.py。然后定义一个基础类 BasicModel，并继承 torch.nn 中的 Module。

1. 导入包

```
import world
import torch
import LoadData
```

```
from LoadData import BasicDataset
from torch import nn
```

2. 定义一个基础类 BasicModel

```python
class BasicModel(nn.Module):
    def __init__(self):
        super(BasicModel, self).__init__()

    def getUsersRating(self, users):
        raise NotImplementedError
```

再定义一个轻量级的图神经网络模型（类），命名为 LGCN，继承 BasicModel。

3. 定义 __init__ 方法

在 LGCN 中，我们定义一系列方法来处理数据预处理得到的图，首先定义一些参数设置。

```python
def __init__(self,
             config: dict,
             dataset: BasicDataset):
    super(LightGCN, self).__init__()
    self.config = config
    self.dataset : dataloader.BasicDataset = dataset
    self.__init_weight()
```

4. 初始化参数设置

```python
def __init_weight(self):
    self.num_users  = self.dataset.n_users
    self.num_items  = self.dataset.m_items
    self.latent_dim = self.config['latent_dim_rec']
    self.n_layers = self.config['lightGCN_n_layers']
    self.keep_prob = self.config['keep_prob']
    self.A_split = self.config['A_split']
    self.embedding_user = torch.nn.Embedding(
        num_embeddings=self.num_users, embedding_dim=self.latent_dim)
    self.embedding_item = torch.nn.Embedding(
        num_embeddings=self.num_items, embedding_dim=self.latent_dim)
    if self.config['pretrain'] == 0:
        nn.init.normal_(self.embedding_user.weight, std=0.1)
        nn.init.normal_(self.embedding_item.weight, std=0.1)
        world.cprint('use NORMAL distribution initilizer')
    else:
        self.embedding_user.weight.data.copy_(torch.from_numpy(self.config['user_emb']))
        self.embedding_item.weight.data.copy_(torch.from_numpy(self.config['item_emb']))
        print('use pretarined data')
    self.f = nn.Sigmoid()
```

```
self.Graph = self.dataset.getSparseGraph()
print(f"lgn is already to go(dropout:{self.config['dropout']})")
```

5. forward 方法

根据 PyTorch 的框架，我们需要在 forward 方法中写入自己的模型逻辑：

```
def forward(self, users, items):
    all_users, all_items = self.computer()
    users_emb = all_users[users]
    items_emb = all_items[items]
    inner_pro = torch.mul(users_emb, items_emb)
    gamma = torch.sum(inner_pro, dim=1)
    return gamma
```

上述方法中的 self.computer 是为了得到用户嵌入和物品嵌入。

6. computer 方法

```
def computer(self):
    """
    propagate methods for lightGCN
    """
    users_emb = self.embedding_user.weight
    items_emb = self.embedding_item.weight
    all_emb = torch.cat([users_emb, items_emb])
    #torch.split(all_emb , [self.num_users, self.num_items])
    embs = [all_emb]
    if self.config['dropout']:
        if self.training:
            print("droping")
            g_droped = self.__dropout(self.keep_prob)
        else:
            g_droped = self.Graph
    else:
        g_droped = self.Graph

    for layer in range(self.n_layers):
        if self.A_split:
            temp_emb = []
            for f in range(len(g_droped)):
                temp_emb.append(torch.sparse.mm(g_droped[f], all_emb))
            side_emb = torch.cat(temp_emb, dim=0)
            all_emb = side_emb
        else:
            all_emb = torch.sparse.mm(g_droped, all_emb)
        embs.append(all_emb)
    embs = torch.stack(embs, dim=1)
    #print(embs.size())
```

```
light_out = torch.mean(embs, dim=1)
users, items = torch.split(light_out, [self.num_users, self.num_items])
return users, items
```

7. self.__dropout 方法

```
#self.__dropout 方法会随机性丢失节点避免过拟合
def __dropout(self, keep_prob):
    if self.A_split:
        graph = []
        for g in self.Graph:
            graph.append(self.__dropout_x(g, keep_prob))
    else:
        graph = self.__dropout_x(self.Graph, keep_prob)
    return graph
def __dropout_x(self, x, keep_prob):
    size = x.size()
    index = x.indices().t()
    values = x.values()
    random_index = torch.rand(len(values)) + keep_prob
    random_index = random_index.int().bool()
    index = index[random_index]
    values = values[random_index]/keep_prob
    g = torch.sparse.FloatTensor(index.t(), values, size)
    return g
```

在模型中，我们得到了嵌入表达，之后还需要实现优化方法，以优化嵌入表达。

8. bpr_loss 方法

```
def bpr_loss(self, users, pos, neg):
    (users_emb, pos_emb, neg_emb,
    userEmb0,  posEmb0, negEmb0) = self.getEmbedding(users.long(), pos.long(),
neg.long())
    reg_loss = (1/2)*(userEmb0.norm(2).pow(2)  +
                    posEmb0.norm(2).pow(2)   +
                    negEmb0.norm(2).pow(2))/float(len(users))
    pos_scores = torch.mul(users_emb, pos_emb)
    pos_scores = torch.sum(pos_scores, dim=1)
    neg_scores = torch.mul(users_emb, neg_emb)
    neg_scores = torch.sum(neg_scores, dim=1)

    loss = torch.mean(torch.nn.functional.softplus(neg_scores - pos_scores))

    return loss, reg_loss
```

9. 获取嵌入表达

为了方便外部获取嵌入表达，在模型中可以定义一个方法 getEmbedding：

```
def getEmbedding(self, users, pos_items, neg_items):
    all_users, all_items = self.computer()
    users_emb = all_users[users]
    pos_emb = all_items[pos_items]
    neg_emb = all_items[neg_items]
    users_emb_ego = self.embedding_user(users)
    pos_emb_ego = self.embedding_item(pos_items)
    neg_emb_ego = self.embedding_item(neg_items)
    return users_emb, pos_emb, neg_emb, users_emb_ego, pos_emb_ego, neg_emb_
ego
```

10. 计算评分矩阵

得到嵌入表达后，还可以计算用户对物品的评分矩阵，这样能够方便测试时的计算。

```
def getUsersRating(self, users):
    all_users, all_items = self.computer()
    users_emb = all_users[users.long()]
    items_emb = all_items
    rating = self.f(torch.matmul(users_emb, items_emb.t()))
    return rating
```

7.3.3　参数设置

在设计好模型之后，我们先对训练要使用到的参数进行设置，使用 argparse 进行管理。创建一个 parse.py 文件，在该文件中写入代码：

```
import argparse

def parse_args():
    parser = argparse.ArgumentParser(description="Go lightGCN")
    parser.add_argument('--bpr_batch', type=int,default=2048,
                        help="the batch size for bpr loss training procedure")

    parser.add_argument('--recdim', type=int, default=64,
                        help="the embedding size of lightGCN")
    parser.add_argument('--layer', type=int, default=3,
                        help="the layer num of lightGCN")
    parser.add_argument('--lr', type=float, default=0.001,
                        help="the learning rate")
    parser.add_argument('--decay', type=float, default=1e-4,
                        help="the weight decay for l2 normalizaton")
    parser.add_argument('--dropout', type=int, default=0,
                        help="using the dropout or not")
    parser.add_argument('--keepprob', type=float, default=0.6,
                        help="the batch size for bpr loss training procedure")

    parser.add_argument('--a_fold', type=int, default=100,
```

```
                                help="the fold num used to split large adj matrix, like
    gowalla")
    parser.add_argument('--testbatch', type=int, default=100,
                        help="the batch size of users for testing")
    parser.add_argument('--dataset', type=str, default=Beibei,
                        help="available datasets: [Beiebi]")
    parser.add_argument('--path', type=str,default="./checkpoints",
                        help="path to save weights")
    parser.add_argument('--topks', nargs='?', default="[10, 20, 40]",
                        help="@k test list")
    parser.add_argument('--tensorboard', type=int,default=1,
                        help="enable tensorboard")
    parser.add_argument('--comment', type=str, default="lgn")
    parser.add_argument('--load', type=int, default=0)
    parser.add_argument('--epochs', type=int, default=1000)
    parser.add_argument('--multicore', type=int, default=0, help='whether we use multiprocessing or not in test')
    parser.add_argument('--pretrain', type=int, default=0, help='whether we use pretrained weight or not')
    parser.add_argument('--seed', type=int, default=2020, help='random seed')
    parser.add_argument('--model', type=str, default='lgn', help='rec-model, support [mf, lgn]')
    return parser.parse_args()
```

创建 world.py 文件，在这个文件中，我们使用 parse.py 中的参数初始化用到的常变量：

```
import os
from os.path import join
import torch
from enum import Enum
from parse import parse_args
import multiprocessing

os.environ['KMP_DUPLICATE_LIB_OK'] = 'True'
args = parse_args()

ROOT_PATH = "/Users/gus/Desktop/lgcn"
CODE_PATH = join(ROOT_PATH, 'code')
DATA_PATH = join(ROOT_PATH, 'data')
BOARD_PATH = join(CODE_PATH, 'runs')
FILE_PATH = join(CODE_PATH, 'checkpoints')
import sys
sys.path.append(join(CODE_PATH, 'sources'))

if not os.path.exists(FILE_PATH):
    os.makedirs(FILE_PATH, exist_ok=True)
```

```
config = {}
all_dataset = ['lastfm', 'gowalla', 'yelp2018', 'amazon-book', 'taobao']
all_models = ['lgcn']
config['bpr_batch_size'] = args.bpr_batch
config['latent_dim_rec'] = args.recdim
config['lightGCN_n_layers'] = args.layer
config['dropout'] = args.dropout
config['keep_prob'] = args.keepprob
config['A_n_fold'] = args.a_fold
config['test_u_batch_size'] = args.testbatch
config['multicore'] = args.multicore
config['lr'] = args.lr
config['decay'] = args.decay
config['pretrain'] = args.pretrain
config['A_split'] = False
config['bigdata'] = False

GPU = torch.cuda.is_available()
device = torch.device('cuda' if GPU else "cpu")
CORES = multiprocessing.cpu_count() // 2
seed = args.seed

dataset = args.dataset
model_name = args.model
if dataset not in all_dataset:
    raise NotImplementedError(f"Haven't supported {dataset} yet!, try {all_data
set}")
if model_name not in all_models:
    raise NotImplementedError(f"Haven't supported {model_name} yet!, try {all_m
odels}")

TRAIN_epochs = args.epochs
LOAD = args.load
PATH = args.path
topks = eval(args.topks)
tensorboard = args.tensorboard
comment = args.comment
#let pandas shut up
from warnings import simplefilter
simplefilter(action="ignore", category=FutureWarning)
```

现在我们创建一个 register.py 文件，打印参数设置，并设置模型：

```
import world
import dataloader
import model
import utils
```

```
from pprint import pprint

if world.dataset in ['gowalla', 'yelp2018', 'amazon-book', 'taobao']:
    dataset = dataloader.Loader(path="../data/" + world.dataset)
elif world.dataset == 'lastfm':
    dataset = dataloader.LastFM()

print('===========config==================')
print(world.config)
print("cores for test:", world.CORES)
print("comment:", world.comment)
print("tensorboard:", world.tensorboard)
print("LOAD:", world.LOAD)
print("Weight path:", world.PATH)
print("Test Topks:", world.topks)
print("using bpr loss")
print('===========end==================')

MODELS = {
    'lgcn': model.LGCN
}
```

7.3.4   模型训练与测试

现在开始训练我们的模型，创建一个 main.py 文件：

```
import world
import utils
from world import cprint
import torch
import numpy as np
from tensorboardX import SummaryWriter
import time
import Procedure
from os.path import join
#==============================
utils.set_seed(world.seed)
print(">>SEED:", world.seed)
#==============================
import register
from register import dataset

Recmodel = register.MODELS[world.model_name](world.config, dataset)
Recmodel = Recmodel.to(world.device)
bpr = utils.BPRLoss(Recmodel, world.config)

weight_file = utils.getFileName()
```

```
print(f"load and save to {weight_file}")
if world.LOAD:
    try:
        Recmodel.load_state_dict(torch.load(weight_file, map_location=torch.dev
ice('cpu')))
        world.cprint(f"loaded model weights from {weight_file}")
    except FileNotFoundError:
        print(f"{weight_file} not exists, start from beginning")
Neg_k = 1

#init tensorboard
if world.tensorboard:
    w: SummaryWriter = SummaryWriter(
                                    join(world.BOARD_PATH, time.strftime("%m-%d
-%Hh%Mm%Ss-") + "-" + world.comment)
                                    )
else:
    w = None
    world.cprint("not enable tensorflowboard")

try:
    for epoch in range(world.TRAIN_epochs):
        start = time.time()
        if epoch % 10 == 0:
            cprint("[TEST]")
            Procedure.Test(dataset, Recmodel, epoch, w, world.config['multicore
'])
        output_information = Procedure.BPR_train_original(dataset, Recmodel, bp
r, epoch, neg_k=Neg_k,w=w)
        print(f'EPOCH[{epoch+1}/{world.TRAIN_epochs}] {output_information}')
        torch.save(Recmodel.state_dict(), weight_file)
finally:
    if world.tensorboard:
        w.close()
```

在训练模型的同时，我们通常会测试模型的性能。创建 evalute.py 文件用于测试模型的性能，代码如下：

```
import world
import numpy as np
import torch
import utils
import dataloader
from pprint import pprint
from utils import timer
from time import time
from tqdm import tqdm
```

```
import model
import multiprocessing
from sklearn.metrics import roc_auc_score

CORES = multiprocessing.cpu_count() // 2

def BPR_train_original(dataset, recommend_model, loss_class, epoch, neg_k=1, w=
None):
    Recmodel = recommend_model
    Recmodel.train()
    bpr: utils.BPRLoss = loss_class

    with timer(name="Sample"):
        S = utils.UniformSample_original(dataset)
    users = torch.Tensor(S[:, 0]).long()
    posItems = torch.Tensor(S[:, 1]).long()
    negItems = torch.Tensor(S[:, 2]).long()

    users = users.to(world.device)
    posItems = posItems.to(world.device)
    negItems = negItems.to(world.device)
    users, posItems, negItems = utils.shuffle(users, posItems, negItems)
    total_batch = len(users) // world.config['bpr_batch_size'] + 1
    aver_loss = 0.
    for (batch_i,
        (batch_users,
         batch_pos,
         batch_neg)) in enumerate(utils.minibatch(users,
                                                  posItems,
                                                  negItems,
                                                  batch_size=world.config['bpr
_batch_size'])):
        cri = bpr.stageOne(batch_users, batch_pos, batch_neg)
        aver_loss += cri
        if world.tensorboard:
            w.add_scalar(f'BPRLoss/BPR', cri, epoch * int(len(users) / world.co
nfig['bpr_batch_size']) + batch_i)
    aver_loss = aver_loss / total_batch
    time_info = timer.dict()
    timer.zero()
    return f"loss{aver_loss:.3f}-{time_info}"


def test_one_batch(X):
    sorted_items = X[0].numpy()
    groundTrue = X[1]
```

```
        r = utils.getLabel(groundTrue, sorted_items)
    pre, recall, ndcg = [], [], []
    for k in world.topks:
        ret = utils.RecallPrecision_ATk(groundTrue, r, k)
        pre.append(ret['precision'])
        recall.append(ret['recall'])
        ndcg.append(utils.NDCGatK_r(groundTrue,r,k))
    return {'recall':np.array(recall),
            'precision':np.array(pre),
            'ndcg':np.array(ndcg)}


def Test(dataset, Recmodel, epoch, w=None, multicore=0):
    u_batch_size = world.config['test_u_batch_size']
    dataset: utils.BasicDataset
    testDict: dict = dataset.testDict
    Recmodel: model.LightGCN
    #eval mode with no dropout
    Recmodel = Recmodel.eval()
    max_K = max(world.topks)
    if multicore == 1:
        pool = multiprocessing.Pool(CORES)
    results = {'precision': np.zeros(len(world.topks)),
               'recall': np.zeros(len(world.topks)),
               'ndcg': np.zeros(len(world.topks))}
    with torch.no_grad():
        users = list(testDict.keys())
        try:
            assert u_batch_size <= len(users) / 10
        except AssertionError:
            print(f"test_u_batch_size is too big for this dataset, try a small
one {len(users) // 10}")
        users_list = []
        rating_list = []
        groundTrue_list = []
        #auc_record = []
        #ratings = []
        #print(f"users:{len(users)}")

        total_batch = len(users) // u_batch_size #+ 1
        for batch_users in utils.minibatch(users, batch_size=u_batch_size):
            allPos = dataset.getUserPosItems(batch_users)
            groundTrue = [testDict[u] for u in batch_users]
            batch_users_gpu = torch.Tensor(batch_users).long()
            batch_users_gpu = batch_users_gpu.to(world.device)
```

```
            rating = Recmodel.getUsersRating(batch_users_gpu)
            #rating = rating.cpu()
            exclude_index = []
            exclude_items = []
            for range_i, items in enumerate(allPos):
                exclude_index.extend([range_i] * len(items))
                exclude_items.extend(items)
            rating[exclude_index, exclude_items] = -(1<<10)
            _, rating_K = torch.topk(rating, k=max_K)
            rating = rating.cpu().numpy()
            #aucs = [
            #         utils.AUC(rating[i],
            #           dataset,
            #           test_data) for i, test_data in enumerate(groundTrue)
            #    ]
            #auc_record.extend(aucs)
            del rating
            users_list.append(batch_users)
            rating_list.append(rating_K.cpu())
            groundTrue_list.append(groundTrue)
    #print(f"total_batch:{total_batch}")
    #print(f"users_list:{len(users_list)}")
    assert total_batch == len(users_list)
    X = zip(rating_list, groundTrue_list)
    if multicore == 1:
        pre_results = pool.map(test_one_batch, X)
    else:
        pre_results = []
        for x in X:
            pre_results.append(test_one_batch(x))
    scale = float(u_batch_size/len(users))
    for result in pre_results:
        results['recall'] += result['recall']
        results['precision'] += result['precision']
        results['ndcg'] += result['ndcg']
    results['recall'] /= float(len(users))
    results['precision'] /= float(len(users))
    results['ndcg'] /= float(len(users))
    #results['auc'] = np.mean(auc_record)
    if world.tensorboard:
        w.add_scalars(f'Test/Recall@{world.topks}',
                      {str(world.topks[i]): results['recall'][i] for i in r
ange(len(world.topks))}, epoch)
        w.add_scalars(f'Test/Precision@{world.topks}',
                      {str(world.topks[i]): results['precision'][i] for i i
n range(len(world.topks))}, epoch)
```

```
        w.add_scalars(f'Test/NDCG@{world.topks}',
                      {str(world.topks[i]): results['ndcg'][i] for i in ran
ge(len(world.topks))}, epoch)
        if multicore == 1:
            pool.close()
        print(results)
        return results
```

7.3.5　结果

我们训练得到的模型是一个矩阵，在进行模型测试之前，需要选择测试指标，一般选择召回率（Recall）和归一化折损累计增益（Normalized Discounted Cumulative Gain，NDCG）来进行测试。在进行 Top-K 推荐中，K 分别选择 10、20、40，则模型的效果如表 7-2 所示。

表7-2　K选择10、20、40时对应的模型效果

指　　标	K=10	K=20	K=40
Recall@K	0.0424	0.0726	0.1223
NDCG@K	0.0204	0.0277	0.0372

第8章

图神经网络在社交网络领域的应用

在当前的数字化时代，社交网络已成为人们日常生活和商业运营不可或缺的一部分。这些网络中蕴含的大量数据和复杂的社交关系构成了一个独特且富有挑战性的分析领域。随着图神经网络的兴起，我们现在有了一种强大的工具来挖掘和理解这些社交网络的深层次结构和动态。图神经网络的核心优势在于其能够直接在图结构数据上运作，从而有效捕捉节点间的复杂关系和交互模式。这一特性使得图神经网络在社交网络分析、关系预测和推荐系统方面表现出色。在本章节中，我们将具体讲述以上应用场景的具体实现，内容包括：

- 社交网络分析实现
- 社交网络关系预测实现
- 社交网络推荐实现

8.1 基于图神经网络的社交网络分析实现

社交网络分析是理解复杂人际互动和网络结构的关键。在这个数字化和高度互联的时代，社交网络中蕴含着大量的数据，这些数据反映了用户之间的互动、兴趣和行为模式。图神经网络作为一种有效处理图结构数据的深度学习方法，已经被证明在分析这些复杂网络中非常有效。图神经网络能够捕捉节点（用户）和边（社交关系）之间的丰富关系，从而提供对社交网络深层次结构和动态的洞察。

8.1.1 问题描述

社交网络分析可以帮助我们理解个体间的交互和社区形成。本节将利用图神经网络对 Zachary's Karate Club 数据集进行分析。这个经典的数据集是一个社交网络的小型示例，显示了一个空手道俱乐部成员间的互动。管理人员 John A 和教练 Mr. Hi（化名）之间产生了冲突，我们需要通过社交网络分析会员们会做出以下哪种行为：赞同管理人员、赞同教练、换新教练、退出俱乐部。

8.1.2　导入数据集

Zachary's Karate Club 数据集包含 34 个节点（俱乐部成员）和 78 条边（成员间的互动）。这个网络是无向的，我们将使用 PyTorch Geometric 来构建图结构。在这个数据集中，节点表示俱乐部成员，边代表成员间的互动。首先，通过 pyG 获取 Zachary's Karate Club 数据集：

```
import torch
import matplotlib.pyplot as plt
from torch_geometric.datasets import KarateClub
from torch_geometric.utils import to_networkx
import networkx as nx
from torch_geometric.nn import GCNConv
from torch.nn import Linear
#导入数据
dataset = KarateClub()
```

随后将图进行进一步可视化，以便可以更详细地观察图结果：

```
#图可视化函数
def visualize(h, color, epoch=None, loss=None):
    plt.figure(figsize=(7,7))
    plt.xticks([])
    plt.yticks([])
    if torch.is_tensor(h):
        h = h.detach().cpu().numpy()
        plt.scatter(h[:, 0], h[:, 1], s=140, c=color, cmap="Set2")
        if epoch is not None and loss is not None:
            plt.xlabel(f'Epoch: {epoch}, Loss: {loss.item():.4f}', fontsize=16)
    else:
        nx.draw_networkx(G, pos=nx.spring_layout(G, seed=42),
with_labels=False,node_color=color, cmap="Set2")
    plt.show()

data = dataset[0]
#将图转换为networkx库格式
G = to_networkx(data,to_undirected=True)
visualize(G, color=data.y)
```

代码运行结果如图 8-1 所示，可以看到节点分成了 4 类。

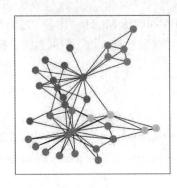

图8-1 节点分成了4类

将图数据打印出来：

```
#打印图数据
print(data)
```

运行结果如图8-2所示。

```
Data(x=[34, 34], edge_index=[2, 156], y=[34], train_mask=[34])
```

图8-2 运行结果

这个data对象包含以下4个属性。

● x：节点特征，34个节点，每一个节点被表示成34维的向量。

● edge_index：包含节点连通性信息，是每个边的源节点索引和目标节点索引组成的元组。

● y：节点标签，每个节点恰好被分到一类。

● train_mask：附加属性是一个元素为布尔值的34维向量，描述了我们已经知道哪些节点的社区分配（本例中有4个节点已知）。

8.1.3 模型搭建

当我们成功获取到图数据之后，就可以开始搭建模型了。在当前例子中，我们采用简单的GCN模型。其中，我们使用pyG中的GCNConv来实现GCN层，并且在torch.nn.Module类中定义网络架构：

```
class GCN(torch.nn.Module):
    def __init__(self):
        super(GCN, self).__init__()
        torch.manual_seed(1024)
        self.conv1 = GCNConv(dataset.num_features, 4)
        self.conv2 = GCNConv(4, 4)
        self.conv3 = GCNConv(4, 2)
        self.classifier = Linear(2, dataset.num_classes)
    def forward(self, x, edge_index):
        h = self.conv1(x, edge_index)
```

```
    h = h.tanh()
    h = self.conv2(h, edge_index)
    h = h.tanh()
    h = self.conv3(h, edge_index)
    h = h.tanh()
    out = self.classifier(h)
    return out, h
```

我们在 __init__ 方法中初始化所有必要的构件，然后在 forward 方法中定义计算流程。第一步是定义并依次叠加 3 个图卷积层，这样做的目的是聚合每个节点 3 跳范围内的邻域信息（即最远 3 个节点的距离）。此外，这些 GCNConv 层会逐步将节点特征的维度从 34 降低到 2。每一个 GCNConv 层后面都接了一个 tanh 函数，以引入非线性变换。紧接着，使用一个单独的线性变换（torch.nn.Linear）作为分类器，作用是将节点划分到某一类行为。最后将返回分类器的输出和最终节点嵌入。

通过以下代码打印模型，可以看到模型各个模块的构成：

```
model = GCN()
print(model)
```

模型各个子模块如图 8-3 所示。

```
GCN(
    (conv1): GCNConv(34, 4)
    (conv2): GCNConv(4, 4)
    (conv3): GCNConv(4, 2)
    (classifier): Linear(in_features=2, out_features=4, bias=True)
)
```

图 8-3　模型各个子模块

8.1.4　模型训练与测试

模型搭建完成后，接下来在 Zachary's Karate Club 数据集上对模型进行训练。在训练前，我们先为模型定义一个损失函数，在此我们使用 CrossEntropyLoss：

```
#损失函数定义
criterion = torch.nn.CrossEntropyLoss()
```

接着，为模型初始化一个随机梯度优化器 Adam：

```
#优化器初始化
optimizer = torch.optim.Adam(model.parameters(), lr=0.01)
```

以上步骤完成后，我们可以定义模型的训练函数：

```
#训练函数定义
loss_list = []

def train(data):
    optimizer.zero_grad()
    out, h = model(data.x, data.edge_index)
```

```
loss = criterion(out[data.train_mask], data.y[data.train_mask])
loss.backward()
loss_list.append(loss.item())
optimizer.step()
return loss, h
```

随后，将模型进行 400 次 epoch 训练，并且在每 50 次 epoch 训练时查看模型对节点的分类情况和并打印损失函数：

```
#对模型进行训练
for epoch in range(401):
    loss, h = train(data)
    #Visualize the node embeddings every 10 epochs
    if epoch % 50 == 0:
        visualize(h, color=data.y, epoch=epoch, loss=loss)
        print(f'Epoch: {epoch}, Loss: {loss.item():.4f}')
```

损失函数变化如图 8-4 所示。

```
Epoch: 0, Loss: 1.4457
Epoch: 50, Loss: 0.7874
Epoch: 100, Loss: 0.7190
Epoch: 150, Loss: 0.6518
Epoch: 200, Loss: 0.4599
Epoch: 250, Loss: 0.3960
Epoch: 300, Loss: 0.3774
Epoch: 350, Loss: 0.3686
Epoch: 400, Loss: 0.3635
```

图 8-4 损失函数变化

对不同 epoch 阶段的模型分类情况进行可视化，可以发现随着训练逐渐进行，模型对节点的分类效果越来越明显，如图 8-5 所示。

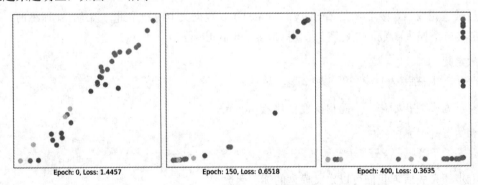

图 8-5 模型对节点的分类效果

8.1.5 示例总结

在这个示例中，我们首先加载了 Zachary's Karate Club 数据集，并定义了一个简单的 GCN 模型。该模型包括三个 GCN 卷积层，用于学习节点的表示。接着，我们训练了模型，并评估了它的性能。

这个简单的例子展示了如何使用图神经网络进行社交网络的基本分析。在实际应用中可能需要更复杂的数据处理和模型调优。

完整代码如下：

```
import torch
import matplotlib.pyplot as plt
from torch_geometric.datasets import KarateClub
from torch_geometric.utils import to_networkx
import networkx as nx
from torch_geometric.nn import GCNConv
from torch.nn import Linear
#导入数据
dataset = KarateClub()

#图可视化函数
def visualize(h, color, epoch=None, loss=None):
plt.figure(figsize=(7,7))
plt.xticks([])
plt.yticks([])
if torch.is_tensor(h):
    h = h.detach().cpu().numpy()
    plt.scatter(h[:, 0], h[:, 1], s=140, c=color, cmap="Set2")
    if epoch is not None and loss is not None:
        plt.xlabel(f'Epoch: {epoch}, Loss: {loss.item():.4f}', fontsize=16)
else:
    nx.draw_networkx(G, pos=nx.spring_layout(G, seed=42),
with_labels=False,node_color=color, cmap="Set2")
plt.show()

data = dataset[0]
#将图转换为networkx库格式
G = to_networkx(data,to_undirected=True)
visualize_graph(G, color=data.y)
#打印图数据
print(data)

class GCN(torch.nn.Module):
def __init__(self):
    super(GCN, self).__init__()
    torch.manual_seed(1024)
    self.conv1 = GCNConv(dataset.num_features, 4)
    self.conv2 = GCNConv(4, 4)
    self.conv3 = GCNConv(4, 2)
    self.classifier = Linear(2, dataset.num_classes)
def forward(self, x, edge_index):
    h = self.conv1(x, edge_index)
```

```
        h = h.tanh()
        h = self.conv2(h, edge_index)
        h = h.tanh()
        h = self.conv3(h, edge_index)
        h = h.tanh()
        out = self.classifier(h)
        return out, h

model = GCN()
print(model)

#损失函数定义
criterion = torch.nn.CrossEntropyLoss()
#优化器初始化
optimizer = torch.optim.Adam(model.parameters(), lr=0.01)

#训练函数定义
loss_list = []
def train(data):
optimizer.zero_grad()
out, h = model(data.x, data.edge_index)
loss = criterion(out[data.train_mask], data.y[data.train_mask])
loss.backward()
loss_list.append(loss.item())
optimizer.step()
return loss, h

#对模型进行训练
for epoch in range(401):
loss, h = train(data)
#Visualize the node embeddings every 10 epochs
if epoch % 50 == 0:
        visualize(h, color=data.y, epoch=epoch, loss=loss)
        print(f'Epoch: {epoch}, Loss: {loss.item():.4f}')
```

8.2 基于图神经网络的社交网络关系预测实现

社交网络关系预测的目标是预测网络中各对象之间未来可能形成的联系。这对于社交网络的发展、用户体验优化以及社交动态理解都至关重要。图神经网络通过其强大的图结构数据处理能力，能够有效预测这些潜在的关系。

8.2.1 问题描述

社交网络关系预测致力于预测网络中尚未存在的潜在连接，例如预测哪些节点可能在未来建立联系。使用图神经网络进行关系预测可以帮助我们更好地理解和预测社交网络中的动态。本节将使用 CiteSeer 数据集来展示如何预测哪些论文之间可能存在相互引用关系。

8.2.2　导入数据集

CiteSeer 数据集是一个科学文献引用网络，节点为论文，一共 3 327 篇论文。论文一共分为 6 类：Agents、AI（Artificial Intelligence，人工智能）、DB（Database，数据库）、IR（Information Retrieval，信息检索）、ML（Machine Learning，机器语言）和 HCI。如果两篇论文之间存在引用关系，那么它们之间就存在链接关系。首先，通过 pyG 获取 CiteSeer 数据集，并打印数据集信息：

```
from torch_geometric.datasets import Planetoid
dataset = Planetoid('data', name='CiteSeer')
print(dataset[0])
```

代码运行结果如图 8-6 所示。

```
Data(x=[3327, 3703], edge_index=[2, 9104], y=[3327], train_mask=[3327], val_mask=[332
7], test_mask=[3327])
```

图 8-6　运行结果 1

可以看到，该数据集中共有 3 327 个节点，节点的特征维度为 3 703，一共 9 104 条边。

我们通过 PyG 封装的 RandomLinkSplit 可以对数据集进行划分，则导入数据的代码可以改写成：

```
import torch
import torch_geometric.transforms as T
from torch_geometric.datasets import Planetoid
from torch import nn
import torch.nn.functional as F
from torch_geometric.nn import GCNConv
from torch_geometric.utils import negative_sampling
from torch.optim.lr_scheduler import StepLR
from sklearn.metrics import roc_auc_score, f1_score, average_precision_score
from tqdm import tqdm
import numpy as np
import copy
#利用 gpu 进行加速
device = torch.device('cuda:0' if torch.cuda.is_available() else 'cpu')
#定义如何划分
transform = T.Compose([
    T.NormalizeFeatures(),
    T.ToDevice(device),
    T.RandomLinkSplit(num_val=0.1, num_test=0.1, is_undirected=True,
add_negative_train_samples=False, disjoint_train_ratio=0)])
#导入数据并划分数据集
dataset = Planetoid('data', name='CiteSeer', transform=transform)
train_data, val_data, test_data = dataset[0]
```

我们可以将划分后的数据打印出来：

```
print(train_data)
print(val_data)
print(test_data)
```

执行代码，结果如图 8-7 所示。

```
Data(x=[3327, 3703], edge_index=[2, 7284], y=[3327], train_mask=[3327], val_mask=[332
7], test_mask=[3327], edge_label=[3642], edge_label_index=[2, 3642])
Data(x=[3327, 3703], edge_index=[2, 7284], y=[3327], train_mask=[3327], val_mask=[332
7], test_mask=[3327], edge_label=[910], edge_label_index=[2, 910])
Data(x=[3327, 3703], edge_index=[2, 8194], y=[3327], train_mask=[3327], val_mask=[332
7], test_mask=[3327], edge_label=[910], edge_label_index=[2, 910])
```

图 8-7　运行结果 2

从上面的结果可以看到，训练集中一共有 3 642 个正样本，验证集和测试集中均为 455 个正样本和 455 个负样本。

8.2.3　模型搭建

对于关系预测任务，我们使用 GCN 对训练集中的节点进行编码，得到节点的向量表示，然后使用这些向量表示对训练集中的正负样本（在每一轮训练时重新采样负样本）进行有监督学习。在本示例中，我们使用 pyG 中的 GCNConv 来实现 GCN 层，并且在 torch.nn.Module 类中定义网络架构。两层 GCN 和编码器用于得到训练集中节点的向量表示，解码器用于得到训练集中节点对向量间的内积。具体代码如下：

```python
class GCN(nn.Module):
    def __init__(self, in_channels, hidden_channels, out_channels):
        super(GCN, self).__init__()
        self.conv1 = GCNConv(in_channels, hidden_channels)
        self.conv2 = GCNConv(hidden_channels, out_channels)

    def encode(self, data):
        x, edge_index = data.x, data.edge_index
        x = F.relu(self.conv1(x, edge_index))
        x = F.dropout(x, p=0.5, training=self.training)
        x = self.conv2(x, edge_index)

        return x

    def decode(self, z, edge_label_index):
        src = z[edge_label_index[0]]
        dst = z[edge_label_index[1]]
        r = (src * dst).sum(dim=-1)
        return r

    def forward(self, data, edge_label_index):
```

```
    z = self.encode(data)
    return self.decode(z, edge_label_index)
```

在链接预测的训练过程中,每个周期都必须对训练数据进行采样,以获得与正样本相等数量的负样本。而在数据集划分阶段,验证集和测试集已完成了负样本采样,所以无须重复此步骤。负采样函数代码如下:

```
#训练数据负采样
def train_negative_sample(train_data):
#从训练集中采样与正边相同数量的负边
    neg_edge_index = negative_sampling(
        edge_index=train_data.edge_index, num_nodes=train_data.num_nodes,
        num_neg_samples=train_data.edge_label_index.size(1), method='sparse')
    #3 642 条负边,即每次采样与训练集中正边数量一致的负边
    edge_label_index = torch.cat(
        [train_data.edge_label_index, neg_edge_index],dim=-1)
    edge_label = torch.cat([
        train_data.edge_label,
        train_data.edge_label.new_zeros(neg_edge_index.size(1))], dim=0)
    return edge_label, edge_label_index
```

我们将模型定义为:

```
model = GCN(dataset.num_features, 64, 128).to(device)
```

8.2.4　模型训练与测试

在进行模型训练之前,首先定义几个功能函数。首先是评价函数,用于对模型的预测 AUC 值、F1 分数和平均准确度进行计算:

```
#评价函数
def get_metrics(out, edge_label):
    edge_label = edge_label.cpu().numpy()
    out = out.cpu().numpy()
    pred = (out > 0.5).astype(int)
    auc = roc_auc_score(edge_label, out)
    f1 = f1_score(edge_label, pred)
    ap = average_precision_score(edge_label, out)
    return auc, f1, ap
```

接下来定义测试函数,用于对模型在验证集和测试集上的表现进行计算:

```
#测试函数
@torch.no_grad()
def test(model, val_data, test_data):
    model.eval()
    #计算验证集损失
    criterion = torch.nn.BCEWithLogitsLoss().to(device)
    out = model(val_data, val_data.edge_label_index).view(-1)
```

```
val_loss = criterion(out, val_data.edge_label)
#计算评价指标
out = model(test_data, test_data.edge_label_index).view(-1).sigmoid()
model.train()
auc, f1, ap = get_metrics(out, test_data.edge_label)
return val_loss, auc, ap
```

我们在这个例子中，还使用了早停法（Early Stopping）防止模型发生梯度爆炸和梯度消失。早停法是深度学习中一种用于防止模型过拟合的方法。它的核心思想是在训练过程中监控模型在验证数据上的表现，一旦发现验证损失不再减小或者连续几轮未明显减小，就停止训练。这种方法通过提前结束训练来防止模型学习到训练数据的随机噪声，从而提高模型的泛化性能。早停法的优点包括简单易实现，不需要调整网络结构或修改损失函数。其具体实现代码如下：

```
#早停法
class EarlyStopping:
    #当模型在验证集上的表现迟迟不能得到提升的时候，说明模型训练出现了问题，我们将停止训练
    def __init__(self, patience=7, verbose=False, delta=0, path='checkpoint.pt',
trace_func=print):
        self.patience = patience
        self.verbose = verbose
        self.counter = 0
        self.best_score = None
        self.early_stop = False
        self.val_loss_min = np.Inf
        self.delta = delta
        self.path = path
        self.trace_func = trace_func

    def __call__(self, val_loss, model):
        score = -val_loss
        if self.best_score is None:
            self.best_score = score
            self.save_checkpoint(val_loss, model)
        elif score < self.best_score + self.delta:
            self.counter += 1
            self.trace_func(f'EarlyStopping counter: {self.counter} out of
{self.patience}')
            if self.counter >= self.patience:
                self.early_stop = True
        else:
            self.best_score = score
            self.save_checkpoint(val_loss, model)
            self.counter = 0

    def save_checkpoint(self, val_loss, model):
        #当验证损失减少时保存模型
```

```
        if self.verbose:
            self.trace_func(
                f'Validation loss decreased ({self.val_loss_min:.6f} -->
{val_loss:.6f}).  Saving model ...')
        self.val_loss_min = val_loss
```

上述步骤完成后，便可以进行模型的训练，训练函数的代码如下：

```
#训练函数
def train(model, train_data, val_data, test_data, save_model_path):
    model = model.to(device)
    optimizer = torch.optim.Adam(params=model.parameters(), lr=0.01)
    criterion = torch.nn.BCEWithLogitsLoss().to(device)
    early_stopping = EarlyStopping(patience=50, verbose=True)
    scheduler = StepLR(optimizer, step_size=100, gamma=0.5)
    min_epochs = 10
    min_val_loss = np.Inf
    final_test_auc = 0
    final_test_ap = 0
    best_model = None
    model.train()
    for epoch in tqdm(range(100)):
        optimizer.zero_grad()
        edge_label, edge_label_index = train_negative_sample(train_data)
        out = model(train_data, edge_label_index).view(-1)
        loss = criterion(out, edge_label)
        loss.backward()
        optimizer.step()
        #验证
        val_loss, test_auc, test_ap = test(model, val_data, test_data)
        if epoch + 1 > min_epochs and val_loss < min_val_loss:
            min_val_loss = val_loss
            final_test_auc = test_auc
            final_test_ap = test_ap
            best_model = copy.deepcopy(model)
            #保存模型
            state = {'model': best_model.state_dict()}
            torch.save(state, save_model_path)

        #学习率调整
        early_stopping(val_loss, model)
        if early_stopping.early_stop:
            print("Early stopping")
            break
        print('epoch {:03d} train_loss {:.8f} val_loss {:.4f} test_auc {:.4f} test_ap
{:.4f}'.format(epoch, loss.item(), val_loss, test_auc, test_ap))
    state = {'model': best_model.state_dict()}
```

```
torch.save(state, save_model_path)
return final_test_auc, final_test_ap
```

最后，调用训练函数对模型进行训练，并输出模型在测试集上的性能指标：

```
#模型训练
test_auc, test_ap =
train(model,train_data,val_data,test_data,save_model_path='gcn.pkl')
print('test AUC:', test_auc)
print('test average_precision:', test_ap)
```

代码运行结果如图 8-8 所示。可以看到模型最终在测试集上对于节点的关系预测平均准确度可以达到 0.8667030191490062。

```
100%|████████████████| 100/100 [00:02<00:00, 46.67it/s]
Validation loss decreased (0.561782 --> 0.560797).  Saving model ...
epoch 094 train_loss 0.42902839 val_loss 0.5608 test_auc 0.8658 test_ap 0.8657
Validation loss decreased (0.560797 --> 0.560436).  Saving model ...
epoch 095 train_loss 0.42595094 val_loss 0.5604 test_auc 0.8703 test_ap 0.8686
Validation loss decreased (0.560436 --> 0.560070).  Saving model ...
epoch 096 train_loss 0.42833087 val_loss 0.5601 test_auc 0.8713 test_ap 0.8689
Validation loss decreased (0.560070 --> 0.558708).  Saving model ...
epoch 097 train_loss 0.42444265 val_loss 0.5587 test_auc 0.8682 test_ap 0.8670
Validation loss decreased (0.558708 --> 0.557521).  Saving model ...
epoch 098 train_loss 0.43176955 val_loss 0.5575 test_auc 0.8653 test_ap 0.8656
Validation loss decreased (0.557521 --> 0.556791).  Saving model ...
epoch 099 train_loss 0.43087125 val_loss 0.5568 test_auc 0.8661 test_ap 0.8667
test AUC: 0.8661417703175943
test average_precision: 0.8667030191490062
```

图 8-8　模型最终在测试集上对于节点的关系预测平均准确度

8.2.5　示例总结

在这个示例中，我们首先加载了 CiteSeer 数据集，并定义了一个 GCN 模型。经过训练后，使用模型在测试数据上进行预测，并计算准确率等指标以评估模型性能。这个例子展示了图神经网络在社交网络关系预测中的应用方法。

完整代码如下：

```
import torch
import torch_geometric.transforms as T
from torch_geometric.datasets import Planetoid
from torch import nn
import torch.nn.functional as F
from torch_geometric.nn import GCNConv
from torch_geometric.utils import negative_sampling
from torch.optim.lr_scheduler import StepLR
from sklearn.metrics import roc_auc_score, f1_score, average_precision_score
from tqdm import tqdm
import numpy as np
```

```python
import copy
#利用 gpu 进行加速
device = torch.device('cuda:0' if torch.cuda.is_available() else 'cpu')
#定义如何划分
transform = T.Compose([
    T.NormalizeFeatures(),
    T.ToDevice(device),
    T.RandomLinkSplit(num_val=0.1, num_test=0.1, is_undirected=True,
add_negative_train_samples=False, disjoint_train_ratio=0)])
#导入数据并划分数据集
dataset = Planetoid('data', name='CiteSeer', transform=transform)
train_data, val_data, test_data = dataset[0]
print(train_data)
print(val_data)
print(test_data)


class GCN(nn.Module):
    def __init__(self, in_channels, hidden_channels, out_channels):
        super(GCN, self).__init__()
        self.conv1 = GCNConv(in_channels, hidden_channels)
        self.conv2 = GCNConv(hidden_channels, out_channels)

    def encode(self, data):
        x, edge_index = data.x, data.edge_index
        x = F.relu(self.conv1(x, edge_index))
        x = F.dropout(x, p=0.5, training=self.training)
        x = self.conv2(x, edge_index)
        return x

    def decode(self, z, edge_label_index):
        src = z[edge_label_index[0]]
        dst = z[edge_label_index[1]]
        r = (src * dst).sum(dim=-1)
        return r

    def forward(self, data, edge_label_index):
        z = self.encode(data)
        return self.decode(z, edge_label_index)

model = GCN(dataset.num_features, 64, 128).to(device)

#评价函数
def get_metrics(out, edge_label):
    edge_label = edge_label.cpu().numpy()
    out = out.cpu().numpy()
    pred = (out > 0.5).astype(int)
```

```
    auc = roc_auc_score(edge_label, out)
    f1 = f1_score(edge_label, pred)
    ap = average_precision_score(edge_label, out)
return auc, f1, ap

#测试函数
@torch.no_grad()
def test(model, val_data, test_data):
    model.eval()
    #计算验证集损失
    criterion = torch.nn.BCEWithLogitsLoss().to(device)
    out = model(val_data, val_data.edge_label_index).view(-1)
    val_loss = criterion(out, val_data.edge_label)
    #计算评价指标
    out = model(test_data, test_data.edge_label_index).view(-1).sigmoid()
    model.train()
    auc, f1, ap = get_metrics(out, test_data.edge_label)
return val_loss, auc, ap


#训练数据负采样
def train_negative_sample(train_data):
#从训练集中采样与正边相同数量的负边
    neg_edge_index = negative_sampling(
        edge_index=train_data.edge_index, num_nodes=train_data.num_nodes,
        num_neg_samples=train_data.edge_label_index.size(1), method='sparse')
    #3 642条负边，即每次采样与训练集中正边数量一致的负边
    edge_label_index = torch.cat(
        [train_data.edge_label_index, neg_edge_index],dim=-1)
    edge_label = torch.cat([
        train_data.edge_label,
        train_data.edge_label.new_zeros(neg_edge_index.size(1))], dim=0)
return edge_label, edge_label_index
#早停法
class EarlyStopping:
    #当模型在验证集上的表现迟迟不能得到提升的时候，说明模型训练出现了问题，我们将停止训练
    def __init__(self, patience=7, verbose=False, delta=0, path='checkpoint.pt',
trace_func=print):
        self.patience = patience
        self.verbose = verbose
        self.counter = 0
        self.best_score = None
        self.early_stop = False
        self.val_loss_min = np.Inf
        self.delta = delta
        self.path = path
        self.trace_func = trace_func
```

```python
    def __call__(self, val_loss, model):
        score = -val_loss
        if self.best_score is None:
            self.best_score = score
            self.save_checkpoint(val_loss, model)
        elif score < self.best_score + self.delta:
            self.counter += 1
            self.trace_func(f'EarlyStopping counter: {self.counter} out of
{self.patience}')
            if self.counter >= self.patience:
                self.early_stop = True
        else:
            self.best_score = score
            self.save_checkpoint(val_loss, model)
            self.counter = 0

    def save_checkpoint(self, val_loss, model):
        #当验证损失减少时保存模型
        if self.verbose:
            self.trace_func(
                f'Validation loss decreased ({self.val_loss_min:.6f} -->
{val_loss:.6f}).  Saving model ...')
        self.val_loss_min = val_loss

#训练函数
def train(model, train_data, val_data, test_data, save_model_path):
    model = model.to(device)
    optimizer = torch.optim.Adam(params=model.parameters(), lr=0.01)
    criterion = torch.nn.BCEWithLogitsLoss().to(device)
    early_stopping = EarlyStopping(patience=50, verbose=True)
    scheduler = StepLR(optimizer, step_size=100, gamma=0.5)
    min_epochs = 10
    min_val_loss = np.Inf
    final_test_auc = 0
    final_test_ap = 0
    best_model = None
    model.train()
    for epoch in tqdm(range(100)):
        optimizer.zero_grad()
        edge_label, edge_label_index = train_negative_sample(train_data)
        out = model(train_data, edge_label_index).view(-1)
        loss = criterion(out, edge_label)
        loss.backward()
        optimizer.step()
        #验证
```

```
    val_loss, test_auc, test_ap = test(model, val_data, test_data)
    if epoch + 1 > min_epochs and val_loss < min_val_loss:
        min_val_loss = val_loss
        final_test_auc = test_auc
        final_test_ap = test_ap
        best_model = copy.deepcopy(model)
        #保存模型
        state = {'model': best_model.state_dict()}
        torch.save(state, save_model_path)

    #学习率调整
    early_stopping(val_loss, model)
    if early_stopping.early_stop:
        print("Early stopping")
        break
    print('epoch {:03d} train_loss {:.8f} val_loss {:.4f} test_auc {:.4f} test_ap
{:.4f}'.format(epoch, loss.item(), val_loss, test_auc, test_ap))
    state = {'model': best_model.state_dict()}
    torch.save(state, save_model_path)
return final_test_auc, final_test_ap

#模型训练
test_auc, test_ap =
train(model,train_data,val_data,test_data,save_model_path='gcn.pkl')
print('test AUC:', test_auc)
print('test average_precision:', test_ap)
```

8.3 基于图神经网络的社交网络推荐实现

在社交网络中，个性化推荐系统是增强用户体验的关键组成部分。通过利用图神经网络，可以有效地结合用户的社交关系和个人喜好来生成更精准的推荐。图神经网络能够从复杂的社交网络结构中学习，并为每个用户提供定制化的内容推荐。

8.3.1 问题描述

在本次示例中，我们使用了一个来自 Facebook 的社交网络，该网络由 Facebook 的朋友列表组成，Facebook 上用户间的社交网络共有 4 039 个节点， 88 233 条边。本示例将展示如何从已有的社交关系中向用户推荐哪些用户可能成为其朋友。

8.3.2 导入数据集

我们使用 requests 包生成 HTTP 请求，通过链接 https://snap.stanford.edu/data/facebook_combined.

txt.gz 下载 Facebook 数据集,并且使用 winrar、gzip 等工具解压文件,将其读入 Pandas DataFrame (df)中。

```python
import torch
import requests
import pandas as pd
import io
import gzip
from torch_geometric.data import Data
import networkx as nx
import numpy as np
import torch.nn as nn
import torch.nn.functional as F
from torch_geometric.nn.models import InnerProductDecoder, VGAE
from torch_geometric.nn.conv import GCNConv
from torch_geometric.utils import negative_sampling, remove_self_loops,
add_self_loops
import os
from torch.optim import Adam
import torch_geometric.transforms as T
from torch_geometric.utils import train_test_split_edges
from torch_geometric.nn.models import Node2Vec
#定义数据下载 URL
url = "https://snap.stanford.edu/data/facebook_combined.txt.gz"
#向 URL 发送 HTTP GET 请求
response = requests.get(url)

#检查请求是否成功
if response.status_code == 200:
    #从响应中提取内容
    content = response.content
    #使用 gzip 解压内容
    with gzip.open(io.BytesIO(content), 'rt') as f:
        #Read the data into a Pandas DataFrame
        df = pd.read_csv(f, sep=" ", header=None, names=["source", "target"])
else:
    print("Failed to download the data. Status code:", response.status_code)
```

删除网络中的重复边和自环:

```python
#删除重复边和自环
condition = df['source'] > df['target']
df.loc[condition, ['source', 'target']] = (df.loc[condition, ['target',
'source']].values)
df = df.drop_duplicates()
df = df[df['source'] != df['target']]
```

将边列表转换为 PyTorch 张量,并使用 Node2Vec 模型基于图的结构生成节点特征:

```
device = torch.device('cuda:0' if torch.cuda.is_available() else 'cpu')
#使用 Node2Vec 生成节点特征矩阵
edge_index = torch.tensor(df[['source', 'target']].values.T, dtype=torch.long)
n2v_model = Node2Vec(edge_index = edge_index, embedding_dim = num_features,
walk_length = 80, context_size = 10, walks_per_node = 10, sparse = True)
data = Data(x=n2v_model.forward(), edge_index=edge_index)
```

将数据划分为训练集、测试集和验证集：

```
#将数据分成训练集、测试集和验证集
all_edge_index = data.edge_index.to(device)
all_edge_x = data.x.to(device)
data = train_test_split_edges(data, 0.05, 0.1).to(device)
```

8.3.3　模型搭建

在本示例中，我们定义两个类 GCNEncoder 和 DeepVGAE。GCNEncoder 使用 GCN 层生成潜在变量（mu 和 logvar）。DeepVGAE 是一个变分图自编码器，它采用 GCN 编码器并使用 InnerProductDecoder 预测邻接矩阵。代码如下：

```
#GCN 编码器
class GCNEncoder(nn.Module):
    def __init__(self, in_channels, hidden_channels, out_channels):
        super(GCNEncoder, self).__init__()
        self.gcn_shared = GCNConv(in_channels, hidden_channels)
        self.gcn_mu = GCNConv(hidden_channels, out_channels)
        self.gcn_logvar = GCNConv(hidden_channels, out_channels)

    def forward(self, x, edge_index):
        x = F.relu(self.gcn_shared(x, edge_index))
        mu = self.gcn_mu(x, edge_index)
        logvar = self.gcn_logvar(x, edge_index)
        return mu, logvar


#变分图自编码器
class DeepVGAE(VGAE):
    def __init__(self, in_channels, hidden_channels, out_channels):
        super(DeepVGAE, self).__init__(encoder=GCNEncoder(in_channels,
hidden_channels, out_channels), decoder=InnerProductDecoder())

    def forward(self, x, edge_index):
        z = self.encode(x, edge_index)
        adj_pred = self.decoder.forward_all(z)
        return adj_pred

    def loss(self, x, pos_edge_index, all_edge_index):
        z = self.encode(x, pos_edge_index)
```

```
    pos_loss = -torch.log(self.decoder(z, pos_edge_index, sigmoid=True) +
1e-15).mean()
    #在负样本中不包含自环
    all_edge_index_tmp, _ = remove_self_loops(all_edge_index)
    all_edge_index_tmp, _ = add_self_loops(all_edge_index_tmp)
    neg_edge_index = negative_sampling(all_edge_index_tmp, z.size(0),
pos_edge_index.size(1))
    neg_loss = -torch.log(1 - self.decoder(z, neg_edge_index, sigmoid=True) +
1e-15).mean()
    kl_loss = 1 / x.size(0) * self.kl_loss()
    return pos_loss + neg_loss + kl_loss

def single_test(self, x, train_pos_edge_index, test_pos_edge_index,
test_neg_edge_index):
    with torch.no_grad():
        z = self.encode(x, train_pos_edge_index)
    roc_auc_score, average_precision_score = self.test(z, test_pos_edge_index,
test_neg_edge_index)
    return roc_auc_score, average_precision_score
```

8.3.4　模型训练与测试

在进行模型训练之前，我们先定义模型的各项超参数：

```
#超参数
learning_rate = 0.01
num_features = 128
epoch = 100
hidden_channels = 32
out_channels = 16
```

接着初始化 VGAE 模型和一个 Adam 优化器：

```
model = DeepVGAE(num_features, hidden_channels, out_channels).to(device)
optimizer = Adam(model.parameters(), lr=learning_rate)
```

随后以指定的轮数训练模型，计算损失并优化模型参数，并且每 10 轮使用 ROC_AUC 和平均精确度分数评估模型：

```
for epoch in range(epoch):
    model.train()
    optimizer.zero_grad()
    loss = model.loss(data.x, data.train_pos_edge_index, all_edge_index)
    loss.backward()
    optimizer.step()
    if epoch % 10 == 0:
        model.eval()
        roc_auc, ap = model.single_test(data.x, data.train_pos_edge_index,
```

```
data.test_pos_edge_index, data.test_neg_edge_index)
    print("Epoch {} - Loss: {}, ROC_AUC: {}, Precision: {}".format(epoch,
loss.cpu().item(), roc_auc, ap))
```

模型的训练结果如图 8-9 所示，可以发现模型推荐准确度随着训练的进行逐渐提高。

```
Epoch 0 - Loss: 3.61603045463562, ROC_AUC: 0.7976283522419181, Precision: 0.7307258917005578
Epoch 10 - Loss: 1.3911505937576294, ROC_AUC: 0.8928257981927215, Precision: 0.897101843552659
Epoch 20 - Loss: 1.0195598602294922, ROC_AUC: 0.932202431824779, Precision: 0.93556071405686
Epoch 30 - Loss: 0.9208851456642151, ROC_AUC: 0.9590292758605979, Precision: 0.9596896516934539
Epoch 40 - Loss: 0.8880418539047241, ROC_AUC: 0.9675693643738085, Precision: 0.9686227925460706
Epoch 50 - Loss: 0.8679704070091248, ROC_AUC: 0.9730661296325179, Precision: 0.9749040023719225
Epoch 60 - Loss: 0.8520218729972839, ROC_AUC: 0.9765593963897305, Precision: 0.978386524602384
Epoch 70 - Loss: 0.8459674119949341, ROC_AUC: 0.9793898937725602, Precision: 0.980678995467572
Epoch 80 - Loss: 0.838188648223877, ROC_AUC: 0.981417343614798, Precision: 0.9823452978230195
Epoch 90 - Loss: 0.8333410024642944, ROC_AUC: 0.9827353096548671, Precision: 0.9832955188491801
```

图 8-9　模型推荐准确度

接下来，便可以用训练好的模型来预测表示边概率的邻接矩阵了，并且使用 NetworkX 将此矩阵转换为 Pandas DataFrame，再从预测边中删除重复边和自环：

```
#预测包含边缘概率的邻接矩阵
final_edge_index = model.forward(all_edge_x, all_edge_index)

#从邻接矩阵创建一个 Pandas 数据框
pred_adj_mat = final_edge_index
pred_adj_mat_numpy = pred_adj_mat.cpu().detach().numpy()
G_pred = nx.from_numpy_array(pred_adj_mat_numpy)
df_pred = nx.to_pandas_edgelist(G_pred)

#删除重复边和自环
condition = df_pred['source'] > df_pred['target']
df_pred.loc[condition, ['source', 'target']] = (df_pred.loc[condition, ['target',
'source']].values)
df_pred = df_pred.drop_duplicates()
df_pred = df_pred[df_pred['source'] != df_pred['target']]
```

最后查看某个特定节点的推荐概率，并进行可视化：

```
#检索 3 987 节点的推荐边概率
index = 3987
condition = df_pred['source'] == index
predicted_edges = df_pred.loc[condition, df_pred.columns]
condition = df_pred['target'] == index
predicted_edges = pd.concat([predicted_edges, df_pred.loc[condition,
df_pred.columns]])
#按概率排序边
predicted_edges = predicted_edges.sort_values(by=['weight'], ascending=False)
#删除输入图中 3 987 节点所拥有的边，只保留新的边
predicted_edges = predicted_edges.merge(df, indicator=True, how='outer')
print(predicted_edges[predicted_edges['_merge'] == 'left_only'])
```

```
#显示 3 987 节点的边概率直方图
hist = predicted_edges['weight'].hist(bins=50)
```

代码运行结果如图 8-10 所示。

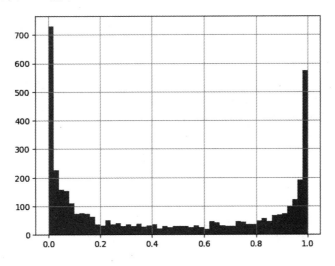

图 8-10　可能成为节点 3 987 朋友的节点概率情况

可以看到可能成为节点 3 987 朋友的节点概率情况。

8.3.5　示例总结

本示例展示了图数据处理、模型训练和预测的全过程，特别是在图神经网络的社交推荐任务中。使用 VGAE 允许学习图数据中的复杂模式，这在社交网络、引文网络等网络中特别有用。

完整代码如下：

```
import torch
import requests
import pandas as pd
import io
import gzip
from torch_geometric.data import Data
import networkx as nx
import numpy as np
import torch.nn as nn
import torch.nn.functional as F
from torch_geometric.nn.models import InnerProductDecoder, VGAE
from torch_geometric.nn.conv import GCNConv
from torch_geometric.utils import negative_sampling, remove_self_loops,
add_self_loops
import os
from torch.optim import Adam
import torch_geometric.transforms as T
from torch_geometric.utils import train_test_split_edges
```

```
from torch_geometric.nn.models import Node2Vec
#定义数据下载 URL
url = "https://snap.stanford.edu/data/facebook_combined.txt.gz"
#向 URL 发送 HTTP GET 请求
response = requests.get(url)
#检查请求是否成功
if response.status_code == 200:
    #从响应中提取内容
    content = response.content
    #使用 gzip 解压内容
    with gzip.open(io.BytesIO(content), 'rt') as f:
        #Read the data into a Pandas DataFrame
        df = pd.read_csv(f, sep=" ", header=None, names=["source", "target"])
else:
print("Failed to download the data. Status code:", response.status_code)
#删除重复边和自环
condition = df['source'] > df['target']
df.loc[condition, ['source', 'target']] = (df.loc[condition, ['target',
'source']].values)
df = df.drop_duplicates()
df = df[df['source'] != df['target']]
```

第 9 章

图神经网络的挑战和机遇

本章将讲解图神经网络目前的挑战和机遇，内容包括：

● 图神经网络的发展历程和现状
● 图神经网络的技术挑战和应用机遇
● 图神经网络的未来发展方向和热点问题

9.1 图神经网络的发展历程和现状

图可以作为跨多个领域的大量系统的表示，包括社会科学、自然科学、生物网络、知识图谱以及许多其他研究领域。图分析作为机器学习中一种独特的非欧几里得数据结构，主要研究节点分类、链接预测和聚类等任务。图神经网络是一种基于深度学习的、在图上运行的方法。由于其令人信服的性能，图神经网络已成为近年来应用广泛的图分析方法。

在 20 世纪 90 年代，递归神经网络首次应用于有向无环图。之后，又分别引入了递归神经网络和前馈神经网络来解决循环问题。尽管这些方法是成功的，但它们背后的普遍思想是在图上构建状态转换系统并迭代直到收敛，这限制了可扩展性和表示能力。深度神经网络，特别是卷积神经网络的最新进展导致了图神经网络的重新发现。卷积神经网络具有提取多尺度局部空间特征，并将其组合成具有高度表达能力的表征的能力，这导致了几乎所有机器学习领域的突破，开启了深度学习的新时代。卷积神经网络的关键是本地连接、共享权值和多层的使用。这些在解决图的问题时也很重要。然而，卷积神经网络只能操作规则的欧几里得数据，如图像（2D 网格）和文本（1D 序列），而这些数据结构可以被视为图的实例。因此，在图上泛化卷积神经网络是很直接的。局部卷积滤波器和池化算子难以定义，阻碍了卷积神经网络从欧几里得域向非欧几里得域的转换。将深度神经网络模型扩展到非欧几里得域，通常被称为几何深度学习，它是一个新兴的研究领域。在这个总括性术语下，图的深度学习受到了极大的关注。

图表示学习在一定程度上促进了图神经网络的发展。图表示学习是指通过低维向量表示图节点、边或子图。在图分析领域，传统的机器学习方法通常依赖于手工设计的特征，并且受到其不灵活性和高成本的限制。继表示学习的思想和词嵌入的成功之后，DeepWalk 作为第一个基于表示学习的图嵌入方法，它通过在图上进行随机游走生成节点序列，然后在生成的节点序列上应用 SkipGram 模型来学习每个节点的嵌入。类似的方法 Node2Vec、LINE 和 TADW 等也取得了突破。然而，这些方法有两个严重的缺点：

（1）编码器中的节点之间没有共享参数，这导致计算效率低下，因为这意味着参数的数量随着节点的数量呈线性增长。

（2）直接嵌入法缺乏泛化能力，不能处理动态图或泛化到新的图。

因此，在卷积神经网络和图嵌入的基础上提出了图神经网络的变体，对图结构中的信息进行集体聚合。它们可以对由元素及其依赖关系组成的输入或输出进行建模。

9.1.1 图神经网络的分类

当前，图神经网络大致可以分为 4 类，包括递归图神经网络、卷积图神经网络、图自动编码器和时空图神经网络。

1. 递归图神经网络

递归图神经网络大多数是图神经网络的先驱作品。递归图神经网络旨在通过循环神经结构学习节点表示。它们假设图中的一个节点不断地与其邻居交换信息/消息，直到达到稳定的平衡。递归图神经网络在概念上很重要，并启发了后来对卷积图神经网络的研究。特别是，基于空间的卷积神经网络继承了消息传递的思想。

2. 卷积图神经网络

将卷积操作从网格数据推广到图数据。其主要思想是通过聚合节点自身的特征 x_v 和邻居的特征 x_u 来生成节点 v 的表示。与递归图神经网络不同，卷积图神经网络将多个图卷积层叠加以提取高级节点表示。卷积神经网络在建立许多其他复杂的图神经网络模型中起着核心作用。

3. 图自动编码器

图自动编码器是将节点/图编码到潜在向量空间，并从编码信息重构图数据的无监督学习框架。图自动编码器被用来学习网络嵌入和图生成分布。对于网络嵌入，图自动编码器通过重构图的结构信息，比如图的邻接矩阵，来学习潜在节点表示。对于图的生成，一些方法是一步一步地生成图的节点和边，而另一些方法是一次输出一幅图。

4. 时空图神经网络

时空图神经网络旨在从时空图中学习隐藏模式，这在各种应用中变得越来越重要，如交通速度预测、驾驶员机动预测和人类行为识别。时空图神经网络的核心思想是同时考虑空间依赖性和时间依赖性。

9.1.2 经典的图神经网络模型

下面将介绍 4 种经典的图神经网络模型，包括图卷积神经网络、图采样和聚合方法、图自注意力网络和图自编码器。

1. 图卷积神经网络

图卷积神经网络是图神经网络的"开山之作"，它首次将图像处理中的卷积操作简单地用到图结构数据处理中来，并且给出了具体的推导，这里面涉及复杂的谱图理论。推导过程还是比较复杂的，然而最后的结果是简单的。

图卷积神经网络实际上跟卷积神经网络的作用一样，是一个特征提取器，只不过它的对象是图数据。图卷积神经网络精妙地设计了一种从图数据中提取特征的方法，从而让我们可以使用这些特征对图数据进行节点分类（Node Classification）、图分类（Graph Classification）、边预测（Link Prediction），还可以得到图的嵌入表示（Graph Embedding），用途广泛。

图卷积神经网络的算法原理：假设有一批图数据，其中有 N 个节点，每个节点都有自己的特征，假设特征一共有 D 个，我们设这些节点的特征组成一个 $N \times D$ 维的矩阵 X，然后各个节点之间的关系也会形成一个 $N \times N$ 维的矩阵 A，也称为邻接矩阵（Adjacency Matrix）。X 和 A 便是模型的输入。

图卷积神经网络的工作流程可以分为三步：① 聚类，② 更新，③ 循环。

对于每个节点，在聚类时从它的所有邻居节点处获取其特征信息，也包括它自身的特征。

一个多层的图卷积神经网络，每一个卷积层仅处理一阶邻域信息，通过叠加若干卷积层可以实现多阶邻域的信息传递。

从输入层开始，前向传播经过图卷积层运算，然后经过 softmax 激活函数的运算得到预测分类概率分布。

softmax 的作用是将卷积网络输出的结果进行概率化，我们直接将 softmax 理解为依据公式运算出样本点的类别。

假设我们构造一个两层的 GCN，激活函数分别采用 ReLU 和 softmax，则整体的正向传播的公式为：

$$Z = f(X, A) = \mathrm{softmax}(\hat{A} \, \mathrm{ReLU})(\hat{A}XW^{(0)})W^{(1)}$$

GCN 模型可视化如图 9-1 所示。

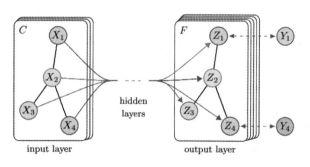

图 9-1　可视化的 GCN 模型

GCN 输入一幅图，通过若干层 GCN 每个节点的特征从 X 变成了 Z，但是，无论中间有多少层，节点之间的连接关系，即邻接矩阵 A，都是共享的。

GCN 具有一定的缺陷，例如，GCN 需要将整个图放到内存和显存中，这将非常耗内存和显存，使得 GCN 处理不了大图。

2. 图采样和聚合方法

图神经网络的任务一般有 Transductive（直推式）和 Inductive（归纳式）。Transductive 通常指要预测的节点在训练时已经出现过，例如有一个作者关系网络，知道部分作者的类别，用整个网络训练 GCN，最后预测未知类别的作者。Inductive 指要预测的节点在训练时没有出现，例如用今天的图结构训练，预测明天的图。

GCN 利用了图的整个邻接矩阵和图卷积操作融合相邻节点的信息，因此一般用于 Transductive 任务，而不能用于处理 Inductive 任务。因此，2017 年 GraphSAGE 算法被提出，用于解决 GCN 的问题。

GraphSAGE 包含采样和聚合（Sample and Aggregate），首先使用节点之间的连接信息对邻居进行采样，然后通过多层聚合函数不断地将相邻节点的信息融合在一起。用融合后的信息预测节点标签。图 9-2 所示展示了 GraphSAGE 的聚合过程，它采用了两层聚合层，通过 k 层聚合之后，可以得到节点最终的表示向量。

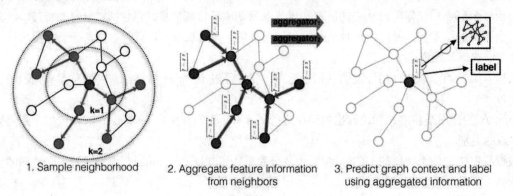

1. Sample neighborhood　　2. Aggregate feature information　　3. Predict graph context and label
　　　　　　　　　　　　　　　from neighbors　　　　　　　　　　using aggregated information

图 9-2　GraphSAGE 聚合示意图

3. 图自注意力网络

图自注意力网络（Graph Attention Network，GAT）的核心工作原理是通过注意力机制来计算节点间的关系。在传统神经网络中，每个节点的状态更新是独立进行的。而在 GAT 中，每个节点的状态更新会考虑到其邻居节点的状态，GAT 会计算一个节点与其邻居节点之间的注意力权重，然后根据这个权重来更新节点的状态。通过计算权重而更新信息的方式使得 GAT 能更好地捕捉图中的结构信息。在计算权重分值和捕捉信息方面，GAT 采用了类似于 Transformer 的掩蔽自注意力机制，由堆叠在一起的图注意力层构成，每个图注意力层获取节点嵌入作为输入，输出转换后的嵌入，节点嵌入会关注到它所连接的其他节点的嵌入。

在 GAT 的实际运算中，注意力分数的计算是通过一个名为“注意力头”的结构完成的。每个注意力头都会计算一组注意力分数，并且在最后的结果中，所有的注意力头的结果会被平均或者拼接起来，以得到最终的节点嵌入。这样做的好处是，每个注意力头可以关注到不同的特征或者模式，从而使得 GAT 能够捕捉到更多的信息。如图 9-3 所示为 GAT 的注意力机制和多头注意力。

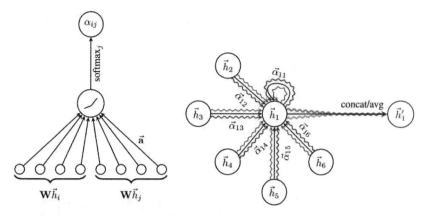

图 9-3　GAT 的注意力机制和多头注意力

4. 图自编码器（GAE）与变分图自编码器

获取合适的嵌入表示（Embedding）来表示图中的节点不是容易的事，而如果能找到合适的嵌入表示，就能将它们用在其他任务中。变分图自编码器（Variational Graph Auto-Encoder，VGAE）通过 Encoder-Decoder 结构可以获取图中节点的嵌入表示来支持接下来的任务，如链接预测等。

VGAE 的思想和变分自编码器（VAE）很像：利用隐变量（Latent Variables），让模型学习出一些分布（Distribution），再从这些分布中采样得到 Latent Representations（或者说 Embedding），这个过程是 Encode 阶段；然后利用得到的 Latent Representations 重构（Reconstruct）出原始的图，这个过程是 Decode 阶段。只不过，VGAE 的 Encoder 使用了 GCN，Decoder 是简单的内积（Inner Product）形式。

如图 9-4 所示为图自编码器（Graph Auto-Encoder，GAE）示意图。图自编码器使用 GCN 作为 Encoder，来得到节点的 Latent Representations（或者说 Embedding），这个过程可用一行简短的公式表达：

$$Z = \mathrm{GCN}(X, A)$$

将 GCN 视为一个函数，然后将 X 和 A 作为输入，输入 GCN 这个函数中，输出 Z。Z 代表的就是所有节点的 Embedding。X 表示节点的特征矩阵。A 表示邻接矩阵。之后，GAE 采用 Inner-Product 作为 Decoder 来重构原始的图。一个好的 Z，应该使重构出的邻接矩阵与原始的邻接矩阵尽可能相似，因为邻接矩阵决定了图的结构。因此，GAE 在训练过程中采用交叉熵作为损失函数。其损失函数表示希望重构的邻接矩阵（或者说重构的图）与原始的邻接矩阵（或者说原始的图）越接近、越相似越好。

在 GAE 中，一旦 GCN 中的 $W0$ 和 $W1$ 确定了，那么 GCN 就是一个确定的函数，给定 X 和 A，输出的 Z 就是确定的。

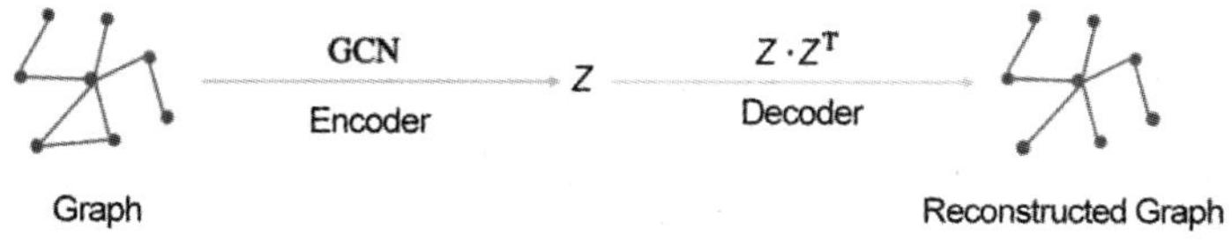

图 9-4　图自编码器 GAE

而在 VGAE 中，Z 不再由一个确定的函数得到，而是从一个（多维）高斯分布中采样得到，说得更明确一些，就是先通过 GCN 确定一个（多维）高斯分布，再从这个分布中采样得到 Z。VGAE 如图 9-5 所示。

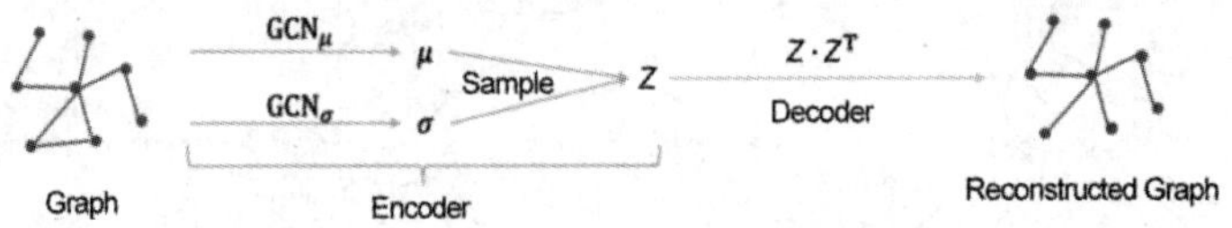

图 9-5 VGAE

9.2 图神经网络的技术挑战和应用机遇

尽管图卷积神经网络模型的最初目标是利用深度架构进行更好的表示学习，但目前大多数模型仍然存在结构较浅的问题。例如，GCN 在实践中只使用两层，使用更多的图卷积层甚至可能损害模型性能。随着体系结构的深入，节点的表示可能变得更加平滑，甚至对于那些彼此不同且远离的节点也是如此。这个问题违背了使用深度模型的目的。因此，如何构建一个能够自适应地利用图的深层结构模式的深层架构仍然是一个挑战。

1. 图神经网络的技术挑战

大多数现有的图卷积神经网络都明确地假设输入图是静态的。然而，在实际情况中，网络经常是动态变化的。例如，社交网络本质上是动态网络，因为用户频繁地加入/退出网络，用户之间的友谊也在动态变化。为此，在静态图上学习图卷积神经网络可能无法提供最佳性能。因此，高效的动态图卷积神经网络模型是一个重要的研究课题。

图卷积神经网络的主要缺点是如果两幅图具有不同的傅里叶基（即拉普拉斯矩阵的特征函数），则无法从一幅图适应到另一幅图。现有的工作通过将单幅图的特征函数推广到多幅输入图的 Kronecker 积图的特征函数来学习滤波器参数。作为一个不同的通道，归纳学习对于许多空间图卷积神经网络模型是可能的，这样在一幅或几幅图上学习的模型可以应用到其他图上。然而，这些方法的一个缺点是，跨多幅图的交互（例如锚链接、跨网络节点相似性）或相关性（例如多个视图之间的相关性）没有被利用。事实上，给定多幅图，唯一节点的表示学习应该能够从跨图或视图提供的更多信息中获益。然而，据我们所知，目前还没有针对这种情况的模型。

1）模型可解释性

许多图神经网络模型在表现上取得了好的结果，但模型的决策过程往往缺乏可解释性。特别是在对医疗、金融等领域的决策时，模型的解释性尤为重要。

2）图预训练

基于神经网络的模型需要丰富的标记数据，而获取大量人工标记数据的成本很高。研究人员提出了自监督方法来指导模型，很容易从网站或知识库获得的未标记数据中学习。最近，有一些研究集中在图的预训练上，但它们的问题设置得不同，关注的方面也不同。该领域仍有许多有待研究的开放性问题，如预训练任务的设计、现有图神经网络模型在学习结构或特征信息方面的有效性等。

2. 图神经网络的应用机遇

1）社交网络分析

图神经网络可以用于社交网络中的用户行为预测、社区发现、虚假账号检测等任务，帮助理解和优化社交网络的运作。

2）推荐系统

基于图的推荐系统可以更好地捕捉用户和物品之间的关系，提高推荐的准确性和个性化程度。

3）生物信息学

图神经网络在分析蛋白质相互作用网络、药物分子结构等生物领域有着重要应用，有助于新药发现和疾病研究。

4）城市交通规划

应用图神经网络来分析城市交通网络，预测交通拥堵、优化路径规划等，有助于提高城市交通效率。

5）金融风控

利用图神经网络进行金融交易网络分析、欺诈检测等，可以帮助识别异常行为和风险。

6）语义分析

图神经网络在自然语言处理中的应用，如基于句法和语义依存关系的文本分析，可以提升语义理解和生成的质量。

7）医疗诊断

将图神经网络应用于医疗数据分析，可以帮助辅助疾病诊断、药物发现等领域。

总体而言，图神经网络在各个领域都有巨大的应用潜力。克服技术挑战，深化模型研究，并将其应用于现实世界的问题，将会为许多领域带来革命性的影响。同时，保障模型的可解释性和道德使用，也是未来图神经网络技术发展中需要关注的方向。

9.3　图神经网络的未来发展方向和热点问题

1. 图神经网络的未来发展方向

1）大规模图数据处理

解决处理大规模图数据的问题将持续成为一个关键研究领域。研究如何在分布式环境下进行高效的图计算、图压缩和图采样等将变得更加重要。

2）异构图建模

随着应用中异构图数据的增多，如何更好地处理和建模不同类型的节点和边之间的关系，以及多层次异构图的表示学习，将是一个关键方向。

3）图深度学习的理论基础

图神经网络领域的理论基础仍然相对薄弱，进一步研究图深度学习的可表示性、收敛性、泛化性能等问题，有助于指导图神经网络模型的设计和应用。

4）跨模态图学习

如何将图神经网络与其他领域的数据（如文本、图像、音频）结合，进行跨模态的图学习，以便全面地挖掘数据之间的关系，是一个前沿问题。

5）迁移学习和元学习

如何将在一幅图上学习到的知识迁移到另一幅图上，以及如何通过元学习在不同图上快速适应，是一个可研究的方向。

2. 图神经网络的热点问题

1）可解释性和可信度

随着图神经网络在实际应用中使用的增多，模型的可解释性和可信度变得更加重要。研究如何解释模型的决策过程，以及如何评估模型的置信度是热点问题。

2）图表示学习进一步深化

如何进一步提高图表示学习的效果，包括更好地捕捉全局结构信息、节点之间的相似性、动态图数据等，是一个需要持续关注的问题。

3）动态图分析

许多实际应用中的图数据是动态变化的，如社交网络、金融交易网络等。如何有效地对动态图数据进行建模和分析，将会引发研究兴趣。

4）对抗性攻击与防御

图神经网络容易受到对抗性攻击，如添加噪声以误导模型。研究如何设计对抗性攻击和防御机制，以保护模型的安全性，是一个重要课题。

5）多任务学习和迁移学习

如何在一幅图上进行多个任务的学习，以及如何将一个任务上学到的知识迁移到另一个任务，将持续受到关注。

6）可持续性和道德问题

随着图神经网络应用的扩大，如何确保技术的可持续性、公平性，以及在应用中遵循道德和隐私准则，是一个社会关切的问题。

综合来看，图神经网络的未来发展将涵盖更广泛的应用领域和技术挑战。在不断突破技术难题的同时，也需要关注技术的社会影响，推动图神经网络技术朝着更加健康、可持续的方向发展。